初学者のための偏微分 ∂（デル）を学ぶ

井ノ口順一 著

現代数学社

はじめに

　この本は 1 変数の微分積分に続く，多変数の微分積分と無限級数を解説する 4 冊シリーズ (∂, $\iint$, ∇, $\sum$) の最初の一冊です．2 変数函数の偏微分法を解説します[*1]．

　大学 1 年生，2 年生で多変数の微分積分学を学び終えて，自然科学・工学系の専門科目を学び始めて「微分積分の理解が足りないと気づいた」という相談を受けることがよくあります．「微分積分の授業内容は理解しているはずなのに．」「何が欠けているのかがわからない．」

　詳しくお話ししてみると，微分積分学の範囲に治まるものの時間の制約や紙数の都合で，授業や指定教科書で充分に解説されなかった事実や概念が専門の授業・教科書で活用されていることが原因の一つだと気づきます．指導者側が，「低学年の微分積分の授業（や演習科目）で，こういうことは習ったはず」あるいは「授業で扱われなくてもここまでは勉強しているはず」と思っている内容が学習者側では「全く知らない内容」や「習ってない内容」という不具合が発生することもときおり見聞きします．学習者からすれば，自分が学んでいる「教科書」に書いてある，いわば最低限の内容が「微分積分」であり，それらの本で扱われていない内容は「微分積分を越えた未知の専門科目」に思えてしまうことがあり得るのです．

　『現代数学』編集部にこのようなお話をしたところ，偏微分法，重積分，ベクトル解析，無限級数を解説する 4 巻シリーズを執筆する機会をいただきました．わかりにくい内容やつまずきやすい内容を敢えてとりあげるこのシリーズの刊行を英断してくださった現代数学社に心より御礼申し上げます．

　「偏微分法の理解が足りない」と気づき，もっと詳しい本を読もうと考えたとき，数学を専門としない読者には「本格的な微分積分の教科書」は，どうしても難解に思えてしまうようです．「イプシロン-デルタ論法を用いた厳密な展

[*1] この本では「関数」でなく「函数」と表記しています．

開までは望まないけれど，もう少し詳しい説明がほしい」という学習者の声に応えるために本書を執筆しました．

　本書では熱力学で活用される全微分や，波動方程式の解を与えるダランベールの公式，線型偏微分方程式系の積分可能条件，陰函数定理と逆函数定理，陰函数定理を用いた平面曲線の概形の描き方など，説明を充分に受けない可能性のある内容をできるだけ丁寧に解説しています．

　例題を読み，すべての演習問題を解くことで，偏微分法の基本事項と，「学び損ねがちな内容」の両方が身に付くように執筆してありますので，例題と演習問題を解くようにしてください．

　本書は山形大学理学部（旧：数理科学科）の2年生向け科目（微分積分II演習），筑波大学における物理学専攻1年生向けの授業（微分積分2），雑誌『現代数学』に「∂ に泣く」のタイトルで連載した記事（2017年10月号〜2018年9月号）をもとに執筆しました．受講生（とくに物理学専攻）からの質問への回答を含めたため予想外に厚くなってしまいました．草稿にあったおびただしい誤植をご指摘くださった畏友，上野慶介先生（山形大学），入江博先生（茨城大学），西岡斉治先生（山形大学）に厚く感謝します．

2019年9月

著者

目次

第1章　2変数の函数　1
- 1.1　2変数の函数 1
- 1.2　数平面 2
- 1.3　函数の定義域 9
- 1.4　2変数函数のグラフ 11

第2章　2変数函数の極限 　15
- 2.1　数列の極限から点列の極限へ 15
- 2.2　2変数函数の極限 17
- 2.3　連続函数 20
- 2.4　グラフを描く 22

第3章　偏微分と全微分 　25
- 3.1　偏導函数 25
- 3.2　全微分 28
- 3.3　方向微分 41

第4章　合成函数 　46
- 4.1　合成函数の偏微分 46
- 4.2　座標変換 51
- 4.3　熱力学 58

第5章　高階偏導函数 　61
- 5.1　2階偏導函数 61
- 5.2　ダランベールの公式 68
- 5.3　積分可能条件 71

5.4	ラプラス作用素	75
5.5	合成函数の微分法	77
5.6	極座標への変換	78
5.7	滑らかな函数	82

第6章 テイラーの定理 89

6.1	1変数函数のとき	89
6.2	2変数函数の場合	92
6.3	数式処理ソフトを使ってみる	99
6.4	ベクトルと行列を使った整理	100

第7章 極値を求める 105

7.1	極値とは？	105
7.2	判定法を作る	106

第8章 陰函数定理 124

8.1	方程式で表された曲線	124
8.2	陰函数定理	127
8.3	証明の概要	128
8.4	陰函数定理が使えない点	132

第9章 方程式で表された曲線 136

9.1	特異点と通常点	136
9.2	極値の判定法を応用する	137
9.3	葉線を描く	142
9.4	プロットしてみる	147

第10章 条件付き極値問題 149

10.1	条件付き極値問題	149
10.2	線型代数への応用	154
10.3	経済数学から	156

10.4	幾何学への応用	158

第 11 章　逆函数定理　　161

11.1	逆函数	161
11.2	2 変数函数の場合	162
11.3	合成函数再考	169
11.4	ベクトル値函数の合成	171
11.5	臨界点	171

第 12 章　なぜ極値問題が大事なのか　　178

12.1	変分とは	178
12.2	オイラー-ラグランジュ方程式の例	183
12.3	安定性	188
12.4	解析力学	189
12.5	微分積分学を学んできた意義	191

付録 A　極限と連続函数に関する補足　　193

A.1	点列の極限	193
A.2	連続函数の性質	194

演習問題の略解　　196

参考文献　　218

索引　　221

1　2 変数の函数

1.1　2 変数の函数

　熱力学という物理学の分野で大切な方程式に理想気体の状態方程式というものがある．
$$pV = RT.$$
この方程式で p は圧力，V は気体の体積，T は（絶対）温度を表す．p と V の積は T に比例するという事実を表している．R は比例定数であり気体定数とよばれている．この方程式は様々な見方ができる．
$$p = \frac{RT}{V}$$
と書き換えると，「T と V の**両方**が指定されると p が決まる」ということが読み取れる．もう少し数学らしい言い方をしてみよう．「2 つの独立変数 T と V から従属変数 p が決まる．」このことを p は T と V の函数 (function) であると言い表す．

　このような複数の独立変数をもつ函数は物理学や化学をはじめあちこちに登場する．x と y から z が決まるとき
$$(x, y) \longmapsto z$$
と表したり $z = f(x, y)$ のように表す．このとき z は x と y の **2 変数函数**であると言い表す．

> 2 変数函数を数学で取り扱う方法を学ぼう

1.2 数平面

ふたつの変数 x, y を組にして考えるのだが組 (x, y) を**平面上の点と考える**ことが数学的な取り扱いをする上で大事な観点である．直交座標 (x, y) が引かれた平面のことを xy 平面とか**座標平面**（coordinate plane）とよぶ．

座標が $(0, 0)$ である点を**原点**（origin）とよび O で表すことにしよう．座標平面上の点 (x, y) を実数の組と考えることで座標平面を

$$\mathbb{R}^2 = \{(x, y) \mid x, y \in \mathbb{R}\}$$

という「実数の組の集合」と思うことができる．

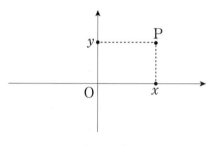

図 1.1　平面

$\mathbb{R}^2$ のことを**数平面**という．今後は座標平面と数平面をいちいち区別せず，座標平面 $\mathbb{R}^2$ という言い方もする．

2変数函数 $z = f(x, y)$ において (x, y) の動く範囲のことを函数 f の**定義域**（domain），z の動く範囲を f の**値域**（range）という．

例 1.1 (円) $z = f(x, y) = \sqrt{1 - x^2 - y^2}$ を考える．この函数 f の定義域は O を中心とする $\mathbb{R}^2$ 内の単位円 $x^2 + y^2 = 1$ の周と内部を併せたもの

$$\mathcal{D} = \{(x, y) \in \mathbb{R}^2 \mid x^2 + y^2 \leqq 1\}$$

である（図 1.2）．これを O を中心とする半径 1 の**閉円盤**という（閉円板と書く本も多い．図 1.2 参照）．

1.2. 数平面

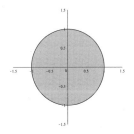

図 1.2 閉円盤

z は $0 \leqq z \leqq 1$ の範囲で動くので f の値域は閉区間 $[0,1]$, すなわち

$$[0,1] = \{z \in \mathbb{R} \mid 0 \leqq z \leqq 1\}$$

である.

一般的な函数の定義域を扱うための準備として「2 点間の距離」を説明しよう.

三平方の定理を思い出そう. $\mathbb{R}^2$ の 2 点 $P_1(x_1, y_1)$ と $P_2(x_2, y_2)$ の間の**距離** (distance) は

(1.1) $$d(P_1, P_2) = \sqrt{(x_1 - x_2)^2 + (y_1 - y_2)^2}$$

で与えられる (図 1.3).

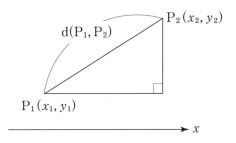

図 1.3 距離函数

原点 $O(0,0)$ を始点とする位置ベクトル

$$\boldsymbol{p}_1 = \overrightarrow{OP_1}, \quad \boldsymbol{p}_2 = \overrightarrow{OP_2}$$

を使って距離を表してみよう．ベクトルの内積を $(\cdot|\cdot)$ で表す．具体的に書いてみよう．$\boldsymbol{p}_1 = (x_1, y_1), \boldsymbol{p}_2 = (x_2, y_2)$ の内積は

$$(\boldsymbol{p}_1|\boldsymbol{p}_2) = x_1 x_2 + y_1 y_2$$

で定められる．ベクトル $\boldsymbol{p}_1$ の長さ $\|\boldsymbol{p}_1\|$ は内積を使って

$$\|\boldsymbol{p}_1\| = \sqrt{(\boldsymbol{p}_1|\boldsymbol{p}_1)} = \sqrt{(x_1)^2 + (y_1)^2}$$

と表せる．したがって 2 点 P_1 と P_2 の距離 $d(P_1, P_2)$ を

$$d(P_1, P_2) = \|\boldsymbol{p}_1 - \boldsymbol{p}_2\|$$

と表示できることに注意しよう．

2 点間の距離は次の性質をもつことがわかる．

(1) $d(P, Q) \geqq 0$．とくに "$d(P, Q) = 0 \iff P = Q$" が成立している．
(2) $d(P, Q) = d(Q, P)$．
(3) 3 点 P, Q, R に対し不等式

$$d(P, R) \leqq d(P, Q) + d(Q, R)$$

が成立する．この不等式を **3 角不等式** という．

図を描いて 3 角不等式を確認してみよう．
3 角形 PQR の 3 辺の長さはどういう関係だろうか？

註 1.1 数平面上の 2 点の組 $\{P, Q\}$ に対し距離 $d(P, Q)$ を対応させることで $\mathbb{R}^2$ 上の 2 変数函数 d が定まる．この函数 d を **距離函数** とよぶ．

これから 2 変数函数の扱いを調べていくのだが

- ある点の "近く" とは？
- 平面図形が端（境界）を含むとはどういうことだろうか？
- 平面図形が閉じているとは？ 開いているとは？

これらの何気ない用語をきちんと定めておかないといろいろな支障が起こる．そこで（やや面倒ではあるけれど）これらの問題点を解決しておこう．

1 点 $\mathrm{P} \in \mathbb{R}^2$ と（小さな）正の数 ε に対し

$$U_\varepsilon(\mathrm{P}) = \{\mathrm{Q} \in \mathbb{R}^2 \mid \mathrm{d}(\mathrm{P}, \mathrm{Q}) < \varepsilon\}$$

とおき P の ε-**近傍**（きんぼう）という（図 1.4）．

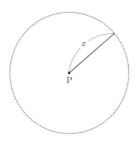

図 1.4 ε-近傍

$U_\varepsilon(\mathrm{P})$ は点 P を中心とする半径 ε の円の内部である．つまり小さな $\varepsilon > 0$ に対し距離 ε 以内の点の集まりである．点 P の近くというときにはこの ε-近傍を使って表現するので，ここでこの用語を覚えてほしい．

点 $\mathrm{A}(a,b)$ の ε-近傍 $U_\varepsilon(\mathrm{A})$ は具体的に書くと

$$\{(x,y) \in \mathbb{R}^2 \mid (x-a)^2 + (y-b)^2 < \varepsilon^2\}$$

である．A の座標を明記する必要があるときは $U_\varepsilon(a,b)$ のように書くことにしよう[*1]．

次に「内部」とか「外部」ということをきちんと定める．

平面図形 D を考えよう．D のどこか 1 点 P をひとつとろう．P が D の内部の点であるとはどういうことだろうか．容易に図示できる図形なら「内部かどうか」は（図を見て）判定できるが D が抽象的に与えられたりしていたら図示して確かめるという手は利かない．

[*1] うるさいことをいうと $U_\varepsilon(\mathrm{A})$ において A が (a,b) であるから $U_\varepsilon((a,b))$ と書くことになる．括弧が重なって見苦しいので $U_\varepsilon(a,b)$ と略記する．

> こういうときは論理的に

定義 1.1 $D \subset \mathbb{R}^2$ の 1 点 P に対し $U_\varepsilon(\mathrm{P}) \subset D$ となる $\varepsilon > 0$ がみつかるとき P は D の**内点**(ないてん)であるという（図 1.5）．

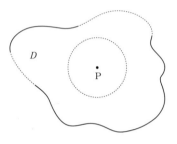

図 1.5　内点の説明

今度は「外部の点」を考えよう．

定義 1.2 $D \subset \mathbb{R}^2$ の 1 点 P に対し $U_\varepsilon(\mathrm{P}) \cap D = \varnothing$ となる $\varepsilon > 0$ がみつかるとき P は D の**外点**(がいてん)であるという（図 1.6）．

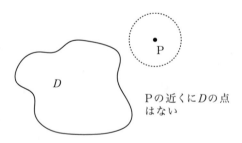

図 1.6　外点の説明

D の境界上の点はどう考えたらよいだろうか．P が D の境界上にあるなら，どんな $\varepsilon > 0$ についても $U_\varepsilon(\mathrm{P}) \cap D \neq \varnothing$ であることに注意しよう．同じ ε に対し $U_\varepsilon(\mathrm{P}) \setminus D \neq \varnothing$ である（図 1.8 参照）．ここで $U_\varepsilon(\mathrm{P}) \setminus D$ の意味を説明しよう．

定義 1.3 ふたつの集合 A, B に対し

$$A \setminus B = \{a \in A \mid a \notin B\}$$

と定める（図 1.7）．

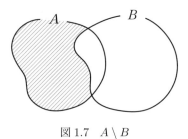

図 1.7　$A \setminus B$

改めて境界点の定義を述べよう．

定義 1.4 どんな $\varepsilon > 0$ についても $U_\varepsilon(\mathrm{P}) \cap D \neq \emptyset$ かつ $U_\varepsilon(\mathrm{P}) \setminus D \neq \emptyset$ であるとき P は D の **境界点** であるという（図 1.8）．

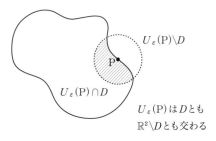

図 1.8　境界点の説明

ここまでの用語の取り決めに従って次の記号を定めよう．

- D の内点全体を $\mathring{D}$（または D°）と表す．
- D の境界点全体を D^{f} で表す．
- D の外点全体を D^{e} で表す．

集合 U が点 P の**近傍**であるとは $P \in \mathring{U}$ であることをいう．また $D \cup D^f$ を D の**閉包**(へいほう)(closure) といい $\overline{D}$ で表す．

次に図形が開いていること・閉じていることを定義しよう．

定義 1.5 D の各点 P に対し $U_\varepsilon(P) \subset D$ となる $\varepsilon > 0$ が必ずみつかるとき D は $\mathbb{R}^2$ の**開集合**(open set) であるという．すなわち

$$D \text{ は開集合} \iff D = \mathring{D}$$

たとえば**開円盤**(open disc)

$$\mathbb{D}(O, r) = \{(x, y) \in \mathbb{R}^2 \mid x^2 + y^2 < r^2\}$$

は開集合である（確かめてみよう）．

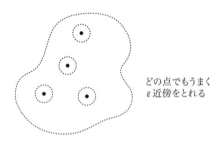

どの点でもうまく ε 近傍をとれる

図 1.9　開集合

閉じた集合を次に考えよう．モデルとなるのは閉円盤

$$\overline{\mathbb{D}}(O, r) = \{(x, y) \in \mathbb{R}^2 \mid x^2 + y^2 \leqq r^2\}$$

である．これは開集合である $\mathbb{D}(O, r)$ に，その境界点集合である円周を付け加えたものである．そこで

定義 1.6 D が D^f を含むとき D は $\mathbb{R}^2$ の**閉集合**(closed set) であるという．

$$D \text{ が閉集合} \iff D = \overline{D} \iff \mathbb{R}^2 \setminus D \text{ が開集合}$$

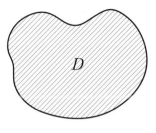

図 1.10　閉集合

であることを確かめておくこと．

便宜上，空集合 ∅ は開集合に含めておく．$\mathbb{R}^2$ 全体は開集合であるから $\mathbb{R}^2$ と ∅ は閉集合でもある．

問題 1.1 ε-近傍 $U_\varepsilon(\mathrm{P})$ の定義をした際に何気なく "点 P を中心とする半径 ε の円の内部である" と書いた．この素朴な意味での「円の内部」は，"点 P を中心とする半径 ε の閉円盤の内点集合" と一致することを確かめよ．

定義 1.7 集合 $A \subset \mathbb{R}^2$ が次の条件をみたすとき**有界集合**（bounded set）という．

> ある定数 $M > 0$ が存在してすべての点 $\mathrm{P} \in A$ に対して $\mathrm{d}(\mathrm{O}, \mathrm{P}) \leqq M$

この節の内容の定着を図るために問題を出しておこう．

問題 1.2 $a > 0$ とする．$|x| + |y| < a$ で定義される $\mathbb{R}^2$ の部分集合を図示せよ．

問題 1.3 $\mathbb{Z}^2 = \{(m, n) \in \mathbb{R}^2 \mid m, n \text{ は整数}\}$ は開集合かどうか調べよ．

1.3　函数の定義域

1 変数函数の定義域として開区間を考えたことを思い出そう．2 変数函数のときも開集合で定義された函数を考えたいのだが

こんな分裂しているようなものは扱いにくいので，分裂していない開集合を考えることにしよう．

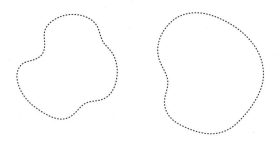

定義 1.8 平面図形 $D \subset \mathbb{R}^2$ 内のどの 2 点も折線で結べるとき D は**連結** (connected) であるという．連結な開集合を**領域** (region) という (図 1.11)．

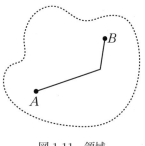

図 1.11　領域

2 変数函数の微分を考えるときには領域上の函数を主に扱う．領域 D に境界 D^{f} を付け加えたものを**閉領域**という．2 変数函数の積分を考えるときは閉領域を扱う．今後，領域（連結開集合）を表す記号として $\mathcal{D}$ を用いることにする．

問題 1.4　$0 < a < b$ とする．$R = \{(x, y) \in \mathbb{R}^2 \mid a^2 < x^2 + y^2 < b^2\}$ は領域かどうか調べよ．

問題 1.5　函数 $z = (x^2 - y^2)/(x^2 + y^2)$ の定義域はどこか調べよ．

問題 1.6　函数 $z = (x^2 + y^2)/(xy)$ の定義域はどこか調べよ．

1.4 2変数函数のグラフ

区間 I で定義された函数 $y = f(x)$ のグラフとはなんだろうか．改めて定義を述べておこう．(x, y) を座標にもつ数平面

$$\mathbb{R}^2 = \{(x, y) \mid x, y \in \mathbb{R}\}$$

の部分集合

$$\{(x, f(x)) \mid x \in I\}$$

をこの函数 $f(x)$ の**グラフ** (graph) という（図 1.12）．1 変数函数のグラフは（ひとつ次元の上がった）数平面内の図形であることに注意してほしい．

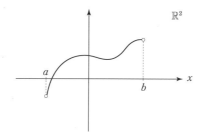

図 1.12　1 変数函数のグラフ

函数の取り扱いを始める前に「グラフ」を定義しておこう．3 次元の数空間を $\mathbb{R}^3$ で表す．

$$\mathbb{R}^3 = \{(x, y, z) \mid x, y, z \in \mathbb{R}\}.$$

領域 $\mathcal{D}$ で定義された 2 変数函数 f に対し

$$M = \{(x, y, f(x, y)) \mid (x, y) \in \mathcal{D}\}$$

を f の**グラフ** (graph) という．1 変数函数のグラフが $\mathbb{R}^2$ 内の曲線であったように 2 変数函数のグラフは $\mathbb{R}^3$ 内の曲がった図形（曲面）を表す．

たとえば例 1.1 の函数のグラフは

$$z = \sqrt{1 - x^2 - y^2} \Longrightarrow z^2 = 1 - x^2 - y^2$$

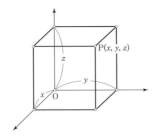

図 1.13　数空間

より $x^2 + y^2 + z^2 = 1$ かつ $z \geqq 0$ であるから

$$M = \{(x, y, \sqrt{1 - x^2 - y^2}) \mid x^2 + y^2 \leqq 1\}$$
$$= \{(x, y, z) \in \mathbb{R}^3 \mid x^2 + y^2 + z^2 = 1, \ z \geqq 0\}.$$

すなわち原点中心の半径 1 の球面の上半分である（図 1.14）．

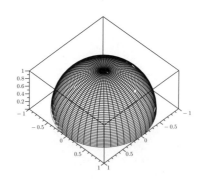

図 1.14　$z = \sqrt{1 - x^2 - y^2}$ のグラフ

この例のように一般に 2 変数函数のグラフは $\mathbb{R}^3$ 内の曲がった図形（の表面）を表す．2 変数函数のグラフは**曲面**（surface）**を描く**といい表す．

註 1.2 (曲面) 曲面とは何かということについては厳密な定義を行っていない．「曲

1.4. 2変数函数のグラフ

面」を厳密に定義することはベクトル解析や幾何学を学ぶときに行うので，ここでは深く考えないでおこう．

2変数函数 $z = f(x,y)$ のグラフ M において $f(x,y) = c$ となる点を集めると M 内の曲線が描かれる（図 1.15 左）．

$$C_{f,c} = \{(x,y) \in \mathcal{D} \mid f(x,y) = c\}$$

で定まる平面図形を M の高さ c における**等高線**（コンター，contour）とよぶ（図 1.15 右）．

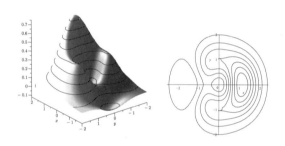

図 1.15　$z = (x^2 + x^3 + y^2)e^{-x^2-y^2}$ のグラフと等高線グラフ

例 1.2 (国土地理院発行地図)　国土地理院発行の地図では，等高線（コンターライン）の記載で 4 種類の描き分けがされている．基準となる等高線は主曲線とよばれ原則として省略しない．地形図を見やすくするために主曲線を 5 本ごとに太い実線で描き，それらを計曲線とよぶ．緩い傾斜地など主曲線だけで地形の特徴を表しきれない場合に破線の補助曲線を用いる．第 1 種補助曲線と第 2 種補助曲線は破線の間隔が異なる．2 万 5 千分 1 地形図の場合，それぞれの等高線は次のような間隔で描かれている．計曲線：50m，主曲線：10m，第 1 次補助曲線：5m，第 2 次補助曲線：2.5m．

例 1.3 (等圧線)　地表を平面内の領域とみなそう．2 変数函数 $P = P(x,y)$ が点 (x,y) における気圧を表すとしよう．このとき f の等高線は等圧線とよばれる．気圧は高さの影響を受ける．たとえば高度が 10m 高くなると気圧は約 1hPa 低くなる．そのため観測値（現地気圧）そのものでなく海抜高度 0m の気圧に換算したものを用いて等圧線

が描かれる．その換算のことを**海面更正**とよぶ．国際的に統一された海面更正の方法はなく，日本では次の式を用いている（東京湾海面を基準とする）：

$$P_0 = P \cdot \exp \frac{gZ}{RT_{V_m}}.$$

この式で P が現地気圧，P_0 が海面更正された値（海面気圧），g は重力加速度，R は乾燥気体の気体定数（$287.05\mathrm{m}^2 \cdot \mathrm{s}^{-2}\mathrm{K}^{-2}$），$Z$ は海面からの高さ．T_{V_m} は海面から測った平均仮温度で $T_{V_m} = 273.15 + t_m + \varepsilon_m$，$t_m = t + 0.005 \cdot Z/2$（$t$ は観測地点の気温）で与えられる．ε_m は空気の湿り具合による補正値である．詳細については気象庁『気象観測の手引き』をみてほしい．

《章末問題》

章末問題 1.1 $D = \{(x,y) \in \mathbb{R}^2 \mid |x|, |y| < 1\}$ は開集合かどうか答えよ．また D^f を求めよ．

章末問題 1.2 U_1, U_2 が開集合であれば $U_1 \cap U_2$ および $U_1 \cup U_2$ も開集合であることを示せ．

章末問題 1.3 F_1, F_2 が閉集合であれば $F_1 \cap F_2$ および $F_1 \cup F_2$ も閉集合であることを示せ．

2 2変数函数の極限

　この章では，2変数函数の極限について解説する．はやく偏微分法に進みたいという読者もいると思うが，ここで焦るのは**禁物**．1変数函数との違いをきちんと把握しておかないと，偏微分法の学習で泣くことになる（∂で泣かないようにしよう）．

2.1 数列の極限から点列の極限へ

　1変数函数の微分積分では「数列の極限」を学んだことを思い出そう．

$$a_1, a_2, a_3, \ldots, a_n, \ldots$$

数列 $\{a_n\}$ は数直線 $\mathbb{R}$ の部分集合であった．番号 n を限りなく大きくしたときに a_n が $a \in \mathbb{R}$ に限りなく近づくとき数列 $\{a_n\}$ は a に**収束する**といい

$$\lim_{n \to \infty} a_n = a$$

とか $a_n \to a$ と表した．イプシロン-デルタ論法を学んだ読者は

$${}^\forall \varepsilon > 0\, {}^\exists N \in \mathbb{N}; n \geqq N \Longrightarrow |a_n - a| < \varepsilon$$

という表現を覚えているだろうか．

　2変数函数では数平面 $\mathbb{R}^2$ の点を扱うから，数列に代わって「点の列」を考えることになる（**点列**とよぶ）．

$$P_1, P_2, P_3, \ldots, P_n, \ldots$$

　さて点列の収束はどう考えたらよいだろうか．「点が点に近づく」をどうやって厳密に表現するかが問題である．

数列の場合に戻ってヒントをつかもう！

$a_n \to a$ というのは

$$\lim_{n\to\infty} |a_n - a| = 0$$

すなわち a_n と a の数直線上での**距離が 0 に近づく**ということ．そこで 1.2 節で用意した距離函数を利用しよう．点列内の 1 点 $\mathrm{P}_n(x_n, y_n)$ と点 $\mathrm{P}(x,y)$ との距離は

$$\mathrm{d}(\mathrm{P}_n, \mathrm{P}) = \sqrt{(x_n - x)^2 + (y_n - y)^2}$$

で与えられる．$\{\mathrm{d}(\mathrm{P}_n, \mathrm{P})\}$ は**数列**であるから**数列の極限** $\lim_{n\to\infty} \mathrm{d}(\mathrm{P}_n, \mathrm{P})$ を考えられる．そこで次のように定義しよう．

定義 2.1 $\mathbb{R}^2$ 内の点列 $\{\mathrm{P}_n(x_n, y_n)\}$ と点 $\mathrm{P}(x,y)$ に対し

$$\lim_{n\to\infty} \mathrm{d}(\mathrm{P}_n, \mathrm{P}) = 0$$

であるとき点列 $\{\mathrm{P}_n(x_n, y_n)\}$ は点 $\mathrm{P}(x,y)$ に**収束する**という．

この定義の要点は『考えにくい「点が点に近づく」を距離を使って言い換えたこと』である．既知の知識にうまく結びつけていることに注目してほしい．

この章の主目的は，2 変数函数に対し**連続性を定義すること**である．そのためにはまず

数平面内の点 $\mathrm{P}(x,y)$ を点 $\mathrm{A}(a,b)$ に近づける

とはどういうことかから考えておかねばならない．

 1 変数函数を学んだときに，数列をとって極限を考えたことがあったはず．このアイディアは 2 変数函数のときは点列を考えることに書き直される．すなわち A に収束する点列 $\{\mathrm{P}_n\}$ をとるのである（図 2.1）．

 また 1 変数函数のときには考えなかった方法として P から A に向かう曲線を引いて曲線に沿って近づけるという方法もとられる（図 2.2）．

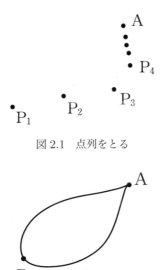

図 2.1　点列をとる

図 2.2　曲線に沿う

2.2　2変数函数の極限

　点 $P(x,y)$ を $A(a,b)$ に近づけるやり方は無数にある．どんな近づけ方をしても**共通の値** c に近づくとき

$$\lim_{P \to A} f(P) = c \quad \text{とか} \quad \lim_{(x,y) \to (a,b)} f(x,y) = c$$

と表す．c を $f(x,y)$ において P を A に限りなく近づけたときの**極限値**という．

　ところで $P \to A$ とはどういう意味だろうか．

> P が A に近づくというのは $d(P, A)$ が 0 に近づくということである．

すなわち

$$\lim_{P \to A} f(P) = c \iff \lim_{d(P,A) \to 0} f(P) = c$$

であることに注意しよう．1 変数函数の微分積分では意識しないですんでいたが 2 変数函数の微分積分では**距離が表立って活躍する**．

例 2.1 (確定しない例) 数平面 $\mathbb{R}^2$ から原点を除いたものを $\mathcal{D}$ としよう．$\mathcal{D}$ は領域である（確かめよ）．$\mathcal{D}$ で定義された 2 変数函数

$$z = f(x,y) = \frac{2xy}{x^2+y^2}$$

において $\mathrm{P}(x,y) \to \mathrm{O}(0,0)$ という極限を考えてみる．x 軸に沿って $\mathrm{P}(x,y)$ を原点に近づけてみよう．x 軸上の点は $(t,0)$ と表せるから

$$\lim_{t \to 0} \frac{2 \cdot t \cdot 0}{t^2 + 0^2} = 0.$$

y 軸に沿って近づけても z は 0 に近づく．そこで

$$\lim_{(x,y) \to (0,0)} \frac{2xy}{x^2+y^2} = 0$$

なのかと早合点してはいけない．原点を通る直線 $y = mx$ に沿って近づけてみよう（図 2.3）．

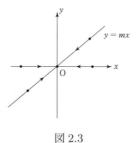

図 2.3

この直線上の点は (t, mt) と表せる．

$$\lim_{t \to 0} \frac{2 \cdot t \cdot (mt)}{t^2 + (mt)^2} = \lim_{t \to 0} \frac{2m}{1+m^2} = \frac{2m}{1+m^2}.$$

これは傾き m によって異なる値をとる．したがって $z = f(x,y)$ の $\mathrm{P}(x,y) \to \mathrm{O}(0,0)$ における極限は**存在しない**．この例で注意してほしいのは x 軸に沿っ

た極限と y 軸に沿った極限がともに存在し，値も一致しているが極限は確定しないことである． □

この函数のグラフをコンピュータソフトに描かせてみると $f(0,0)$ の様子がはっきりしない（図 2.4）．

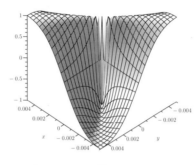

図 2.4 $z = \dfrac{2xy}{x^2 + y^2}$ のグラフ

次は極限値が存在する例を挙げよう．

例 2.2 $\mathcal{D} = \mathbb{R}^2 \setminus \{O\}$ で定義された函数

$$z = f(x,y) = \frac{x^3 + y^5}{x^2 + y^4}$$

を考える．

$$\begin{aligned}
|f(x,y)| = \left|\frac{x^3 + y^5}{x^2 + y^4}\right| &\leq \frac{|x^3|}{x^2 + y^4} + \frac{|y^5|}{x^2 + y^4} \\
&= \frac{x^2|x|}{x^2 + y^4} + \frac{y^4|y|}{x^2 + y^4} \\
&\leq |x| + |y|
\end{aligned}$$

であるから $(x,y) \to (0,0)$ とすると $f(x,y) \to 0$ である． □

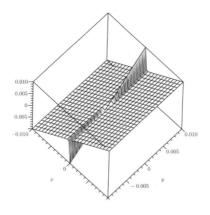

図 2.5 $z = \dfrac{x^3 + y^5}{x^2 + y^4}$ のグラフ

グラフ（図 2.5）をみると $f(0,0) = 0$ であることが読み取れる．

2.3 連続函数

1 変数函数のときの「連続性」をまねて次の定義をしよう．

定義 2.2 函数 $f : \mathcal{D} \to \mathbb{R}$ と $\mathrm{A} \in \mathcal{D}$ において

$$\lim_{\mathrm{P} \to \mathrm{A}} f(\mathrm{P}) = f(\mathrm{A})$$

が成り立つとき f は A において**連続** (continuous at A) であるという．

とくに $\mathcal{D}$ のすべての点で連続のとき f は $\mathcal{D}$ で連続 (continuous **on** $\mathcal{D}$) であるという．

例 2.3 $\mathbb{R}^2$ 全体で定義された函数

$$z = f(x,y) = \begin{cases} \dfrac{x^3+y^5}{x^2+y^4}, & (x,y) \neq (0,0) \\ 0, & (x,y) = (0,0) \end{cases}$$

2.3. 連続函数

を考える．例 2.2 で見たように $\lim_{(x,y)\to(0,0)} f(x,y) = 0$ なのでこの函数は原点で連続である．$f(x,y)$ は $\mathbb{R}^2 \setminus \{O\}$ 上でも連続なので数平面全体で連続な函数である．

一方，

$$z = f(x,y) = \begin{cases} \frac{2xy}{x^2+y^2}, & (x,y) \neq (0,0) \\ 0, & (x,y) = (0,0) \end{cases}$$

は例 2.1 で見たように $\lim_{(x,y)\to(0,0)} f(x,y) = 0$ とならないので O で連続ではない．

註 2.1 $f(x,y)$ が (a,b) で連続ならば x の（1 変数）函数 $g(x) = f(x,b)$ は $x = a$ で連続である．同様に y の（1 変数）函数 $h(y) = f(a,y)$ は $y = b$ で連続である．ところがこの「逆」の主張は成り立たないのである．例 2.1 で採り上げた函数

$$z = f(x,y) = \begin{cases} \frac{2xy}{x^2+y^2}, & (x,y) \neq (0,0) \\ 0, & (x,y) = (0,0). \end{cases}$$

において $g(x) = f(x,0) = 0$ は $x = 0$ で連続 $h(y) = f(0,y) = 0$ も $y = 0$ で連続だが $f(x,y)$ は $(0,0)$ で連続ではない． □

問題 2.1 2 変数函数

$$z = f(x,y) = \begin{cases} \frac{x^2-y^2}{x^2+y^2}, & (x,y) \neq (0,0) \\ 0, & (x,y) = (0,0) \end{cases}$$

が原点において連続かどうか調べよ．

　1 変数函数のときは「点を点に近づける」ことが数直線上の動きであったことに比べ，2 変数函数は，近づけ方が無数にある．極限を考えることが格段に複雑になっていることが理解できただろうか．

　連続函数に関する基本的な性質を附録 A.2 にまとめておくので必要に応じて参照してほしい．

2.4 グラフを描く

2 変数函数のグラフを描くのは難しい．そこでグラフが描ける無償で使えるソフトウェアを紹介しておこう[*1]．2 変数函数の微分積分を学ぶ上で有用なものに Maxima がある．Maxima は 1960 年代に MIT（マサチューセッツ工科大学）で開発された Macsyma に由来する[*2]．

インターネットで Maxima で検索すればダウンロードできるサイトが簡単にみつかる．wxMaxima で検索するとよい．まずは wxMaxima をインストールしてみよう[*3]．

wxMaxima を起動させると入力行のプロンプト

(%i1)

が出ているはず．このプロンプトに続けてグラフを描かせる命令を入力する．文末にセミコロン（;）またはドル記号（$）を入力する．2 変数函数のグラフを描くには wxMaxima から gnuplot という別のソフトウェアを呼び出すことになるが，次のように plot3d という命令を入力するだけでよい．問題 2.1 の函数のグラフを描かせてみよう．

(%i1) plot3d((x^2-y^2)/(x^2+y^2),[x,-0.001,0.001],
[y,-0.001,0.001])$

または

(%i1) plot3d((x^2-y^2)/(x^2+y^2),[x,-0.001,0.001],

[*1] Maxima, gnuplot の参考書を 2 冊紹介しておく．横田博史，『はじめての Maxima』，工学社，2006．大竹敢・矢吹道郎，『使いこなす gnuplot 改訂第 2 版』，テクノプレス，2004．

[*2] 数式処理ソフトウェアやコンピュータがまだ身近でなかった時代に Macsyma が数学の研究道具としてどう活用されていたかが次の文献に記されている．1989 年と現代の違いに驚くと思う．
佐々井崇雄，一般化された超幾何方程式の有限モノドロミー群の決定と数式処理システム MACSYMA，数学 41 (1989) no. 3, 263–269．

[*3] アンドロイド端末（スマートフォン）に Maxima を移植することも試みられているので興味のある読者は調べてみてほしい（Maxima on Android）．

```
[y,-0.001,0.001], [plot_format,gnuplot])$
```

と入力して処理させれば図 2.6 のように出力される．

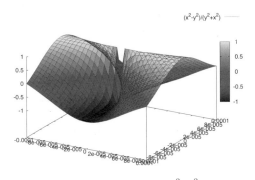

図 2.6　wxMaxima で描いた $z = \frac{x^2-y^2}{x^2+y^2}$ のグラフ

理工系の大学生だと（有償ソフトウェアの）Mathematica® や Maple™ が利用できることがある．自分の通っている大学での利用資格を調べてみよう．図 2.6 のグラフを，Maple™ や Mathematica® にどう描かせるかを補足説明しておこう．

Maple™ はカナダのウォータールー大学（Waterloo Maple）で開発されたソフトウェアである．Maple™ の場合は

```
plot3d((x^2-y^2)/(x^2+y^2), x=-0.001..0.001,y=-0.001..0.001);
```

と入力すればよい．

Mathematica®（マセマティカ）は，ウルフラム（Stephen Wolfram）が考案した数式処理システムである（Wolfram Research）．Mathematica® の場合は

```
Plot3D[(x^2-y^2)/(x^2+y^2), {x,-0.001,0.001},{y,-0.001,0.001}]
```

と入力し Shift を押してから Enter や Return を押せばよい[*4]．

[*4] シングルボードコンピュータの Raspberry Pi 3 (Model B) には Mathematica® が梱包

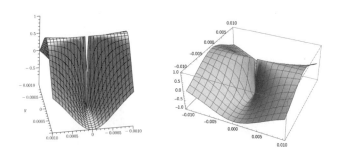

図 2.7 左：Maple™. 右：Raspberry Pi 3 搭載の Mathematica®.

《章末問題》

章末問題 2.1 極限 $\displaystyle\lim_{(x,y)\to(0,0)} \frac{x^2}{x^2+y^2}$ を求めよ．

章末問題 2.2 極限 $\displaystyle\lim_{(x,y)\to(0,0)} \frac{x^2y-y^3}{x^2+y^2}$ を求めよ．

されている（一部のインターフェースが使えないが）．また，Wolfram Research は 2019 年に Mathematica® のコアである Wolfram Engine を無償で開放した．コンピュータ好きの読者はいろいろ研究してみてほしい．

3 偏微分と全微分

3.1 偏導函数

領域 $\mathcal{D} \subset \mathbb{R}^2$ で定義された函数 f を考える．A$(a,b) \in \mathcal{D}$ をひとつ選んで固定しよう．さらに $h \neq 0$ を $(a+h, b) \in \mathcal{D}$ となるよう小さく選ぶ．

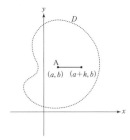

図 3.1　A(a,b) の近くの点 $(a+h, b)$

極限値
$$\lim_{h \to 0} \frac{f(a+h, b) - f(a, b)}{h}$$
が存在するとき，この極限値を f の (a,b) における x に関する**偏微分係数**といい
$$\frac{\partial f}{\partial x}(a,b) \quad \text{とか} \quad f_x(a,b)$$
で表す．このとき f は (a,b) において x について**偏微分可能**であるという．

同様に極限値
$$\lim_{k \to 0} \frac{f(a, b+k) - f(a, b)}{k}$$
が存在するとき，この極限値を f の (a,b) における y に関する**偏微分係数**といい
$$\frac{\partial f}{\partial y}(a,b) \quad \text{とか} \quad f_y(a,b)$$

で表す．このとき f は (a,b) において y について**偏微分可能**であるという．

函数 f が x と y の**両方について** (a,b) で偏微分可能なとき，f は (a,b) で偏微分可能であるという．偏微分係数を求めることを「f を偏微分する」という．たとえば $f(x,y) = x^2 + y^2$ を考えてみよう．

$$\frac{\partial f}{\partial x} = \lim_{h \to 0} \frac{f(x+h,y) - f(x,y)}{h} = \lim_{h \to 0} \frac{(x+h)^2 + y^2 - (x^2 + y^2)}{h}$$
$$= \lim_{h \to 0} \frac{(x+h)^2 - x^2}{h} = \lim_{h \to 0} \frac{2hx + h^2}{h} = \lim_{h \to 0} (2x + h) = 2x.$$

この計算の最後の部分は

$$\lim_{h \to 0} \frac{(x+h)^2 - x^2}{h} = \frac{\mathrm{d}}{\mathrm{d}x} x^2 = 2x$$

という計算と同じことをしていることに注意してほしい．$f(x,y)$ を x で偏微分するときには「y だけの函数」である部分は結局，関係なくなってしまう．このことから偏微分の計算の要点がつかめる．

> $f(x,y)$ を x で偏微分するというのは y を定数扱いして x で微分するという計算を行えばよい．y で偏微分するときは x を定数扱いする．

例 3.1 a を 0 でない定数とする．$z = f(x,y) = x^3 + y^3 - 3axy$ は $\mathbb{R}^2$ 全体で定義された函数．

$$\frac{\partial f}{\partial x} = \frac{\partial}{\partial x}(x^3 + y^3 - 3axy) = 3x^2 - 3ay,$$
$$\frac{\partial f}{\partial y} = \frac{\partial}{\partial y}(x^3 + y^3 - 3axy) = 3y^2 - 3ax$$

と偏微分係数が求められる．

2 変数函数 $z = f(x,y)$ が領域 $\mathcal{D}$ 上で偏微分可能なとき，各点 (x,y) に $f_x(x,y)$ を対応させることで新しい $\mathcal{D}$ 上の函数 $(x,y) \mapsto f_x(x,y)$ が定まる．この函数を f の x に関する**偏導函数**といい

$$f_x \quad \text{や} \quad \frac{\partial f}{\partial x}$$

で表す．独立変数を明記する必要があるときは

$$f_x(x,y) \quad \text{とか} \quad \frac{\partial f}{\partial x}(x,y)$$

で表す．同じ要領で f の y に関する偏導函数を定め

$$f_y \quad \text{とか} \quad \frac{\partial f}{\partial y}$$

と表記する．

$$\boxed{\frac{\partial f}{\partial x}(x,y) = \lim_{h \to 0} \frac{f(x+h,y) - f(x,y)}{h}, \ \frac{\partial f}{\partial y}(x,y) = \lim_{k \to 0} \frac{f(x,y+k) - f(x,y)}{k}}$$

定義 3.1 領域 $\mathcal{D}$ 上の 2 変数函数 $z = f(x,y)$ が偏微分可能であり偏導函数 f_x と f_y がともに $\mathcal{D}$ 上の連続函数であるとき f は $\mathcal{D}$ で**連続偏微分可能**であるとか C^1 **級函数**であるという．

問題 3.1 次の 2 変数函数について偏導函数を求めよ．
  (1) $f(x,y) = (x^2 + y^2)^2$.
  (2) $f(x,y) = \sin(xy)$.
  (3) $f(xy) = \log(xy)$, $(x, y > 0)$.
  (4) $f(x,y) = e^{2xy - y^2}$.

1 変数函数と 2 変数函数の違いをここで紹介しておこう．1 変数函数 $y = f(x)$ が $x = a$ で微分可能ならば $x = a$ で連続であった．この事実と同様に

$z = f(x,y)$ が (a,b) で偏微分可能ならば (a,b) で連続か？

という性質が成り立つと期待したくなる．実はこの主張は正しくない．次の例をみてほしい．

例 3.2 p. 18 の例 2.1 で採り上げた函数をふたたび採り上げる．

$$z = f(x,y) = \begin{cases} \frac{2xy}{x^2+y^2}, & (x,y) \neq (0,0) \\ 0, & (x,y) = (0,0). \end{cases}$$

註 2.1 で確かめたように $z = f(x, y)$ は $(0, 0)$ で連続ではない．原点以外で f は偏微分可能で

$$\frac{\partial f}{\partial x} = \frac{\partial}{\partial x}\left(\frac{2xy}{x^2 + y^2}\right) = \frac{-2y(x^2 - y^2)}{(x^2 + y^2)^2},$$
$$\frac{\partial f}{\partial y} = \frac{\partial}{\partial y}\left(\frac{2xy}{x^2 + y^2}\right) = \frac{2x(x^2 - y^2)}{(x^2 + y^2)^2}.$$

そこで $(0, 0)$ における偏微分係数を求めてみよう．

$$\lim_{h \to 0} \frac{f(0 + h, 0) - f(0, 0)}{h} = \lim_{h \to 0} \frac{0 - 0}{h} = 0,$$
$$\lim_{k \to 0} \frac{f(0, 0 + k) - f(0, 0)}{k} = \lim_{k \to 0} \frac{0 - 0}{k} = 0$$

より

$$\frac{\partial f}{\partial x}(0, 0) = \frac{\partial f}{\partial y}(0, 0) = 0.$$

したがって $f(x, y)$ は数平面全体で偏微分可能だが原点で不連続． □

この例をみると偏微分可能性は 1 変数函数の微分可能性と**同等ではない**ことがわかる．そこで次節では 2 変数函数の「微分可能性」を再考する．それが全微分可能性である．

3.2　全微分

開区間 $I \subset \mathbb{R}$ で定義された函数 $y = f(x)$ の微分可能性を復習しよう．f が $a \in I$ で微分可能とは

$$\lim_{x \to a} \frac{f(x) - f(a)}{x - a}$$

が存在することをいう．f が a で微分可能なとき，この極限値を $f'(a)$ で表し f の $x = a$ における微分係数とよんだ．$y = f(x)$ の描く曲線を C とする．すなわち

$$\boxed{C = \{(x, f(x)) \mid x \in I\}}$$

この曲線を $y = f(x)$ のグラフとよんだ (p. 11).
直線
$$y = f'(a)(x - a) + f(a)$$
を点 $A = (a, f(a))$ における曲線 C の**接線**という.

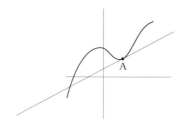

図 3.2　グラフと接線

A の近くでは接線とグラフは**とても近い**. いいかえると A の近くで C は接線で近似できる. 接線は 1 次関数のグラフであることから接線を C の **1 次近似**とよぶ.

この見方をもう少し詳しく調べておこう. 数平面内の曲線をこれまで函数のグラフ
$$C = \{(x, f(x)) \mid x \in I\}, \quad f : I \to \mathbb{R}$$
として表してきたが, 方程式を使った表示方法もあることを注意しておこう. たとえば原点を中心とする半径 R の円は $\mathbb{R}^2$ で定義された函数 $F(x, y) = x^2 + y^2 - R^2$ を用いて
$$\{(x, y) \in \mathbb{R}^2 \mid F(x, y) = 0\}$$
と表すことができる. このように 2 変数函数 $F(x, y)$ を用いて定まる x と y に関する方程式 $F(x, y) = 0$ の**解**の集合として曲線を表すことを**曲線の方程式表示**とか**曲線の陰函数表示**という.

定義 3.2 領域 $\mathcal{D}$ 内の曲線 C_1 を径数表示 (パラメータ表示) で $(x(t), y(t))$ と

表す.函数 F を $\mathcal{D}$ 上で定義された函数とし曲線 C_2 を方程式 $F(x,y)=0$ で表す. t の函数 $f(t) = F(x(t), y(t))$ が条件

$$f(t_0) = 0, \quad \frac{\mathrm{d}f}{\mathrm{d}t}(t_0) = 0$$

をみたすとき, C_1 と C_2 は点 $(x(t_0), y(t_0))$ において（少なくとも）1 次の **接触** (1st order contact) をするという.

註 3.1
$$f(t_0) = 0, \quad \frac{\mathrm{d}f}{\mathrm{d}t}(t_0) = 0, \quad \frac{\mathrm{d}^2 f}{\mathrm{d}t^2}(t_0) \neq 0$$

をみたすとき **狭義の 1 次接触** をするという.

点 $(x(t_0), y(t_0))$ を通り単位ベクトル $\boldsymbol{u} = (u_1, u_2)$ に垂直な直線 ℓ を方程式表示しよう.

$$F(x, y) = u_1(x - x(t_0)) + u_2(y - y(t_0))$$

とおけば, この直線 ℓ は方程式 $F(x,y) = 0$ で与えられる.

$$f(t) = F(x(t), y(t)) = u_1(x(t) - x(t_0)) + u_2(y(t) - y(t_0))$$

より

$$\frac{\mathrm{d}f}{\mathrm{d}t}(t_0) = u_1 \frac{\mathrm{d}x}{\mathrm{d}t}(t_0) + u_2 \frac{\mathrm{d}y}{\mathrm{d}t}(t_0).$$

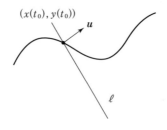

図 3.3 ℓ と $\boldsymbol{u}$

3.2. 全微分

したがって ℓ が $(x(t_0), y(t_0))$ でグラフ C に 1 次の接触をするための必要十分条件は ℓ が接ベクトル $(\dot{x}(t_0), \dot{y}(t_0))$ に平行なことである[*1]。

以上より，点 $(x(t_0), y(t_0))$ における接線はこの点で 1 次の接触をしている直線である．

註 3.2 (接線の定義) 函数 $y = f(x)$ のグラフで与えられた曲線 C の点 $\mathrm{A}(a, f(a))$ における接線は次のように定義してもよい．

> $\mathrm{A}(a, f(a))$ を通る直線 ℓ と A と異なる C 上の点 $\mathrm{R}(x, f(x))$ をとる．R から ℓ に降ろした垂線の足を H とする．
> $$\lim_{x \to a} \frac{\mathrm{d}(\mathrm{R}, \mathrm{H})}{\mathrm{d}(\mathrm{A}, \mathrm{R})} = 0$$
> をみたすとき ℓ は C の点 A における接線であるという．

問題 3.2 註 3.2 における接線の定義に従って次の事実を示せ．

$y = f(x)$ が $x = a$ において微分可能ならば C の A における接線がただ 1 つだけ存在し
$$y = f'(a)(x - a) + f(a)$$
で与えられる．

1 次近似（接線近似）の考えを使うと「微分可能」の定義を次のように言い換えられる．

命題 3.1 開区間 $I \subset \mathbb{R}$ で定義された函数 $f : I \to \mathbb{R}$ が $a \in I$ で微分可能であるための必要十分条件は，$\alpha \in \mathbb{R}$ と 0 の近くで定義された函数 $r(x, a)$ で

(3.1) $\quad f(x) = f(a) + \alpha(x - a) + (x - a)r(x, a) \quad$ かつ $\quad \displaystyle\lim_{x \to a} r(x, a) = 0$

をみたすものが存在することである．このとき $\alpha = f'(a)$ である．

[*1] $\dot{x}(t_0) = \frac{\mathrm{d}x}{\mathrm{d}t}(t_0)$, $\dot{y}(t_0) = \frac{\mathrm{d}y}{\mathrm{d}t}(t_0)$ である．念のため．

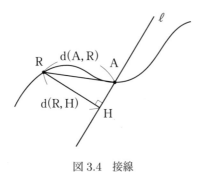

図 3.4 接線

$x - a = h$ とおくと条件式 (3.1) は

$$f(a+h) - f(a) = \alpha\, h + h\, r(a+h, a) \quad \text{かつ} \quad \lim_{h \to 0} r(a+h, a) = 0$$

と書き換えられる．

$$\left| \frac{f(a+h) - f(a) - \alpha h}{h} \right| = \frac{|f(a+h) - f(a) - \alpha h|}{|h|}$$

に注意すると f が a で微分可能であるとは

$$\lim_{h \to 0} \frac{|f(a+h) - f(a) - \alpha h|}{|h|} = 0$$

が成立することである．ここで

$$\varepsilon(h) = \frac{h}{|h|} r(a+h, a)$$

とおくと条件式 (3.1) は

(3.2) $\quad f(a+h) - f(a) = \alpha\, h + \varepsilon(h) \sqrt{h^2} \quad \text{かつ} \quad \lim_{h \to 0} \varepsilon(h) = 0$

と書き換えられる ($|h| = \sqrt{h^2}$ に注意)．

微分可能性を言い換えた条件式 (3.2) を参考にして 2 変数函数の微分可能性を次のように定義しよう．

3.2. 全微分

定義 3.3 領域 $\mathcal{D}$ で定義された 2 変数函数 $z = f(x,y)$ と $(a,b) \in \mathcal{D}$ に対し実数 α, β と $(0,0)$ の近くで定義された函数 $\varepsilon = \varepsilon(h,k)$ で

$$\begin{cases} f(a+h, b+k) - f(a,b) = \alpha h + \beta k + \varepsilon(h,k)\sqrt{h^2+k^2} \\ \lim_{(h,k)\to(0,0)} \varepsilon(h,k) = 0 \end{cases}$$

をみたすものが存在するとき f は (a,b) において**微分可能**という．偏微分可能性との混同をさけるため**全微分可能**という言い方をする．

全微分可能性が前節の最後で探していた概念であることを確かめるのが次の定理である．

定理 3.1 $z = f(x,y)$ が (a,b) で全微分可能ならば f は (a,b) で連続であり x, y の双方について偏微分可能である．

【証明】 (1) まず連続であることを証明しよう．全微分可能の定義式で $(x,y) \to (a,b)$ と極限をとってみると

$$\lim_{(x,y)\to(a,b)} f(x,y) = f(a,b) + \lim_{(h,k)\to(0,0)} \left\{ \alpha h + \beta k + \varepsilon(h,k)\sqrt{h^2+k^2} \right\}$$
$$= f(a,b)$$

だから連続である．

(2) 全微分可能性の式

$$(3.3) \qquad \lim_{(h,k)\to(0,0)} \frac{|f(a+h, b+k) - f(a,b) - \alpha h - \beta k|}{\sqrt{h^2+k^2}} = 0$$

を利用する．この式で $k = 0$ と選ぶと

$$0 = \lim_{h\to 0} \frac{|f(a+h,b) - f(a,b) - \alpha h|}{|h|} = \lim_{h\to 0} \left| \frac{f(a+h,b) - f(a,b)}{h} - \alpha \right|$$

だから

$$\alpha = \frac{\partial f}{\partial x}(a,b).$$

同様に $h=0$ と選べば
$$\beta = \frac{\partial f}{\partial y}(a,b)$$
を得る． ∎

例 3.3 (偏微分可能だが全微分可能でない例) $f(x,y) = \min(|x|,|y|)$ は $(0,0)$ で連続である（図 3.5）．

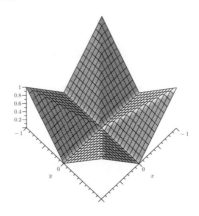

図 3.5　$z = \min(|x|,|y|)$ のグラフ

f が $(0,0)$ において全微分可能かどうか調べてみよう．まず
$$\frac{\partial f}{\partial x}(0,0) = \lim_{h\to 0}\frac{\min(|h|,|0|)-0}{h} = 0.$$
同様に f の $(0,0)$ における y 偏微分係数も 0 である．

$g(h,k) = f(0+h,0+k) - f(0,0) - \alpha h - \beta k = \varepsilon(h,k)\sqrt{h^2+k^2}$ とおく．f が $(0,0)$ で全微分可能ならば $\alpha = \beta = 0$ であることより $g(h,k) = f(h,k) = \varepsilon(h,k)\sqrt{h^2+k^2}$. したがって
$$0 = \lim_{(h,k)\to(0,0)}\varepsilon(h,k) = \lim_{(h,k)\to(0,0)}\frac{f(h,k)}{\sqrt{h^2+k^2}}$$
を得る．ところが直線 $k=h$ に沿って $(h,k) \to (0,0)$ と近づけると
$$0 = \lim_{h\to 0}\frac{|h|}{\sqrt{2h^2}} = \frac{1}{\sqrt{2}}$$

3.2. 全微分

となり矛盾. □

全微分可能性は偏微分可能性より強いことがわかった．その意味をさらに詳しく調べておこう．1 変数函数のときは微分可能性は「接線近似」で説明できたことを念頭においてほしい．全微分可能性を考える際の式

$$f(a+h, b+k) - f(a,b) = f_x(a,b)h + f_y(a,b)k + \sqrt{h^2+k^2}\,\varepsilon(h,k)$$

において $x = a+h$, $y = b+k$ と書き換えると

$$\begin{aligned}f(x,y) - f(a,b) =& f_x(a,b)(x-a) + f_y(a,b)(y-b) \\ &+ \sqrt{(x-a)^2+(y-b)^2}\,\varepsilon(h,k).\end{aligned}$$

この式と 1 変数函数 $y = f(x)$ のグラフに対する接線の方程式

$$y - f(a) = f'(a)(x-a)$$

を見比べてほしい．x, y, z に関する

$$z - f(a,b) = f_x(a,b)(x-a) + f_y(a,b)(y-b)$$

という方程式が見えてこないだろうか．

(3.4) $\Pi = \{(x,y,z) \in \mathbb{R}^3 \mid z - f(a,b) = f_x(a,b)(x-a) + f_y(a,b)(y-b)\}$

は 3 次元数空間 $\mathbb{R}^3$ 内の点 A$(a, b, f(a,b))$ を通る平面である．

$z = f(x,y)$ のグラフで与えられる曲面 S 上の点 A$(a, b, f(a,b))$ と異なる点 R$(x, y, f(x,y))$ をとる．(3.4) で与えられる平面 Π に R から降ろした垂線の足を H とする．註 3.2 にならって極限

$$\lim_{R \to A} \frac{d(R, H)}{d(A, R)}$$

を求めてみよう．そのためにここで線型代数（解析幾何）から次の公式を引用しよう [6]．

命題 3.2 平面 $\alpha x + \beta y + \gamma z + \delta = 0$ に点 $P_0(x_0, y_0, z_0)$ から降ろした垂線の長さは

$$\frac{|\alpha x_0 + \beta y_0 + \gamma z_0 + \delta|}{\sqrt{\alpha^2 + \beta^2 + \gamma^2}}$$

で与えられる（図 3.6）.

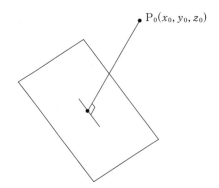

図 3.6　平面へ降ろした垂線

これを用いると

$$d(R, H) = \frac{|f(x,y) - f(a,b) - f_x(a,b)(x-a) - f_y(a,b)(y-b)|}{\sqrt{1 + f_x(a,b)^2 + f_y(a,b)^2}}$$

が得られる.

いま $f(x,y)$ が (a,b) で全微分可能だとしよう. すると

$$d(R, H) = \frac{\sqrt{(x-a)^2 + (y-b)^2}}{\sqrt{1 + f_x(a,b)^2 + f_y(a,b)^2}}\, \varepsilon(x-a, y-b).$$

と書き直せる.

一方,

$$d(A, R) = \sqrt{(x-a)^2 + (y-b)^2 + (f(x,y) - f(a,b))^2}$$
$$\geqq \sqrt{(x-a)^2 + (y-b)^2}$$

3.2. 全微分

であるから

$$\frac{d(R,H)}{d(A,R)}$$
$$= \frac{\sqrt{(x-a)^2+(y-b)^2}}{\sqrt{(x-a)^2+(y-b)^2+(f(x,y)-f(a,b))^2}} \frac{\varepsilon(x-a,y-b)}{\sqrt{1+f_x(a,b)^2+f_y(a,b)^2}}$$
$$\leq \frac{\varepsilon(x-a,y-b)}{\sqrt{1+f_x(a,b)^2+f_y(a,b)^2}}.$$

したがって

$$\lim_{R \to A} \frac{d(R,H)}{d(A,R)} \leq \lim_{(x,y) \to (a,b)} \frac{\varepsilon(x-a,y-b)}{\sqrt{1+f_x(a,b)^2+f_y(a,b)^2}} = 0.$$

そこで $z = f(x,y)$ が (a,b) で全微分可能なとき (3.4) で与えられる平面 Π を曲面 S の (a,b) における**接平面**（tangent plane）とよぶことにしよう．

少々手間がかかったが「全微分可能性」は接平面の存在を意味していることがわかった．接平面 (3.4) は $(a,b,f(a,b))$ を通る S 内の曲線の接線を全て含むことに注意しよう．

また例 3.3 において $(0,0)$ における接平面が存在しないことを図 3.5 から読み取ってほしい．

全微分可能性の意味はわかったものの全微分可能性を検証するのは面倒である．そこで次の判定法を用意しておこう．

定理 3.2 $z = f(x,y)$ が (a,b) の近傍で偏微分可能かつ f_x, f_y がその近傍上で連続ならば f は (a,b) で全微分可能である．

【証明】　平均値の定理を使う[*2]．

$$f(a+h,b+k) - f(a,b)$$
$$= \underbrace{\{f(a+h,b+k) - f(a,b+k)\}}_{x\text{ の 1 変数関数 } f(x,b+k) \text{ と見る．}} + \underbrace{\{f(a,b+k) - f(a,b)\}}_{y\text{ の 1 変数関数 } f(a,y) \text{ と見る．}}$$

[*2] 忘れてしまったという人は p. 90 を参照．

この観察をもとに x の 1 変数函数 $f(x, b+k)$ (ただし $a \leq x \leq a+h$) に平均値の定理を適用すると

$$f(a+h, b+k) - f(a, b+k) = \frac{\partial f}{\partial x}(a + \theta_1 h, b+k)h$$

をみたす $\theta_1 \in (0, 1)$ が存在する．同様に y の 1 変数函数 $f(a, y)$ (ただし $b \leq y \leq b+k$) に対し

$$f(a, b+k) - f(a, b) = \frac{\partial f}{\partial y}(a, b + \theta_2 k)k$$

をみたす $\theta_2 \in (0, 1)$ が存在する．そこで

$$\varepsilon_1(h, k) = \frac{\partial f}{\partial x}(a + \theta_1 h, b+k) - \frac{\partial f}{\partial x}(a, b),$$
$$\varepsilon_2(h, k) = \frac{\partial f}{\partial y}(a, b + \theta_2 k) - \frac{\partial f}{\partial y}(a, b)$$

とおく．仮定より f_x と f_y は (a, b) で連続だから

$$\lim_{(h,k) \to (0,0)} \varepsilon_1(h, k) = \lim_{(h,k) \to (0,0)} \varepsilon_2(h, k) = 0$$

である．次に

$$\varepsilon(h, k) = \frac{h}{\sqrt{h^2 + k^2}} \varepsilon_1(h, k) + \frac{k}{\sqrt{h^2 + k^2}} \varepsilon_2(h, k)$$

とおけば

$$\begin{aligned}f(a+h, b+k) - f(a, b) &= h\{f_x(a, b) + \varepsilon_1(h, k)\} + k\{f_y(a, b) + \varepsilon_2(h, k)\} \\ &= hf_x(a, b) + kf_y(a, b) + \sqrt{h^2 + k^2}\,\varepsilon(h, k)\end{aligned}$$

と書けて $\lim_{(h,k) \to (0,0)} \varepsilon(h, k) = 0$ をみたすから $f(x, y)$ は (a, b) で全微分可能である． ∎

ここで次の用語を定めておく．

3.2. 全微分

定義 3.4 領域 $\mathcal{D}$ 上の函数 $z = f(x, y)$ が偏微分可能であり f_x と f_y の双方が $\mathcal{D}$ 上の連続函数であるとき f は $\mathcal{D}$ 上で**連続微分可能**であるとか $\mathcal{D}$ 上で C^1 級であるという.

この用語を用いると

$$f \text{ が } \mathcal{D} \text{ 上で } C^1 \text{ 級} \Longrightarrow f \text{ は } \mathcal{D} \text{ 上で全微分可能}$$

と言い表せる.

註 3.3 (一様微分可能性) C^1 級という性質は「一様微分可能」という性質で言い換えられる.

長方形領域 $\mathcal{R} = \{(x, y) \mid a < x < b, \ c < y < d\}$ 上の 2 変数函数 f が ($\mathcal{R}$ 上で) **一様に微分可能**であるとは

$$\mathcal{R} \times \mathcal{R} = \{(x, y, u, v) \mid (x, y), (u, v) \in \mathcal{R}\}$$

で定義された 4 変数函数 $\mathcal{P}(x, y; u, v)$, $\mathcal{Q}(x, y, u, v)$ が存在して, $\mathcal{R}$ 上でつねに

$$f(x, y) - f(u, v) = (x - u)\mathcal{P}(x, y; u, v) + \mathcal{Q}(x, y; u, v)$$

が成立することを言う. f が $\mathcal{R}$ 上で一様微分可能であるための必要十分条件は f が $\mathcal{R}$ 上で C^1 級であること (証明は一松 [19, p. 7] を参照).

函数 $z = f(x, y)$ が領域 $\mathcal{D}$ 上のすべての点で全微分可能なとき

$$\mathrm{d}f = \frac{\partial f}{\partial x}\,\mathrm{d}x + \frac{\partial f}{\partial y}\,\mathrm{d}y$$

という式を考え f の**全微分** (differential または total differential) とよぶ.

2 変数函数 f, g が $\mathcal{D}$ 上で全微分可能なとき $f + g$, fg も全微分可能であり

$$\mathrm{d}(f + g) = \mathrm{d}f + \mathrm{d}g, \quad \mathrm{d}(fg) = (\mathrm{d}f)g + f(\mathrm{d}g)$$

が成り立つことを確かめてみよう. とくに定数 c に対し

$$\mathrm{d}(cf) = c\,\mathrm{d}f$$

である ($f + g$, fg, cf の意味については p. 85 および附録 A.2 節を参照).

例 3.4 (力学への応用例) 長さ ℓ の単振子を考える．周期を T，重力加速度を g とする．g は緯度で異なる値をとる[*3]．

$$T = \frac{2\pi\sqrt{\ell}}{\sqrt{g}}$$

より g を ℓ と T の 2 変数函数と見なす．

いま ℓ の測定値が 0.1 % の誤差，T の測定値が 0.2 % の誤差を含むときに g の測定誤差を見積もってみよう．

$$\log T = \log(2\pi) + \frac{1}{2}(\log \ell - \log g)$$

の両辺の全微分を計算する．左辺の全微分は

$$\mathrm{d}(\log T) = \left(\frac{\partial}{\partial x}\log T\right)\mathrm{d}x + \left(\frac{\partial}{\partial y}\log T\right)\mathrm{d}y = \frac{1}{T}\left(\frac{\partial T}{\partial x}\mathrm{d}x + \frac{\partial T}{\partial y}\mathrm{d}y\right) = \frac{\mathrm{d}T}{T}$$

と計算される．同様に右辺の計算を実行して

$$\frac{\mathrm{d}T}{T} = \frac{1}{2}\left(\frac{\mathrm{d}\ell}{\ell} - \frac{\mathrm{d}g}{g}\right)$$

を得る．これを書き換えて

$$\frac{\mathrm{d}g}{g} = \frac{\mathrm{d}\ell}{\ell} - \frac{2\mathrm{d}T}{T}.$$

$\mathrm{d}g \doteqdot \Delta g$ と近似すると

$$\frac{\Delta g}{g} \doteqdot \frac{\mathrm{d}\ell}{\ell} - \frac{2\mathrm{d}T}{T} \doteqdot \frac{\Delta \ell}{\ell} - \frac{2\Delta T}{T} \leq 0.1 + 2 \times 0.2 = 0.5\,[\%]$$

と見積もれる．

[*3] 重力実測値の値は以下のようになっている（『理科年表』）．北海道根室市 9.8068363，山形県山形市 9.8001491，千葉県銚子市 9.7986404，福岡県福岡市 9.7962859，石垣島 9.7901308．標準値として採用されるものは $9.80665\,\mathrm{m/s^2}$ で標準重力加速度とよばれる（1901 年国際度量衡総会）．測地学では重力加速度を表す際にガル (Gal) とよばれる単位を用いることがある．$1\,\mathrm{Gal} = 1\,\mathrm{cm/s^2}$.

3.3 方向微分

平面ベクトル $\boldsymbol{u} = (u,v) \neq (0,0)$ に対し，原点を通る直線

$$\mathbb{R}\boldsymbol{u} = \{(ut, vt) \mid t \in \mathbb{R}\}$$

のことをベクトル $\boldsymbol{u}$ の定める**方向**（direction）とよぶ．

点 (a,b) を通り $\mathbb{R}\boldsymbol{u}$ と平行な直線

$$\{(a+ut, b+vt) \mid t \in \mathbb{R}\}$$

を (a,b) を通り $\boldsymbol{u}$ を方向ベクトルにもつ直線とよぶ．

f を領域 $\mathcal{D}$ で定義された 2 変数函数としよう．点 $\mathrm{A}(a,b) \in \mathcal{D}$ とベクトル $\boldsymbol{u} = (u,v) \neq (0,0)$ をとり固定する．$\varepsilon > 0$ を

$$\{(a+tu, b+tv) \mid -\varepsilon < t < \varepsilon\} \subset \mathcal{D}$$

となるように選んでおく．このように選んだ直線の一部（開線分）の上で f の値の変化を考える．もし極限

$$\lim_{t \to 0} \frac{f(a+ut, b+vt) - f(a,b)}{t}$$

が存在するとき，f は A において $\boldsymbol{u}$-方向に微分可能であるという．この極限値を f の A における $\boldsymbol{u}$**-方向微分係数**とよび $\boldsymbol{u}_\mathrm{A}(f)$ と表記する．

$\boldsymbol{u} = \boldsymbol{e}_1 = (1,0)$ と選ぶと $\boldsymbol{e}_1$-方向微分可能とは x に関して偏微分可能であることに他ならない．同様に $\boldsymbol{e}_2$-方向微分可能とは y に関して偏微分可能であることである．

命題 3.3 f が A において全微分可能であれば f は A においてすべての方向に対し方向微分可能である．$\boldsymbol{u} = (u,v) \neq (0,0)$ に対し f の A における $\boldsymbol{u}$-方向微分係数は

$$\boldsymbol{u}_\mathrm{A}(f) = u\frac{\partial f}{\partial x}(a,b) + v\frac{\partial f}{\partial y}(a,b)$$

で与えられる．

【証明】 f が A(a,b) において全微分可能であるから

$$f(a+ut, b+vt) - f(a,b) = A(ut) + B(vt) + \sqrt{(ut)^2 + (vt)^2}\,\varepsilon(ut, vt)$$

と表せて $\lim_{t \to 0} \varepsilon(ut, vt) = 0$ が成り立つ．また $A = f_x(a,b)$, $B = f_y(a,b)$ である．したがって

$$\lim_{t \to 0} \frac{f(a+ut, b+vt) - f(a,b)}{t} = \lim_{t \to 0} \left(Au + Bv + \sqrt{u^2 + v^2}\,\varepsilon(ut, vt) \right)$$
$$= Au + Bv = u f_x(a,b) + v f_y(a,b).$$

■

ベクトル $\boldsymbol{w} = (w_1, w_2) \neq (0,0)$ に対し $w = \|\boldsymbol{w}\| = \sqrt{(w_1)^2 + (w_2)^2}$, $\boldsymbol{u} = \boldsymbol{w}/w = (u, v)$ とおくと

$$\boldsymbol{w}_{\mathrm{A}}(f) = w_1 f_x(a,b) + w_2 f_y(a,b) = w\left(u f_x(a,b) + v f_y(a,b)\right) = w\,\boldsymbol{u}_{\mathrm{A}}(f)$$

であるから，方向微分を考える際は単位ベクトルについて調べておけばよいことがわかる（そのため方向微分の定義で $\boldsymbol{u}$ を単位ベクトルに限定している本がある）．

全微分可能性は「すべての方向に方向微分可能」という性質を導くのである．ところが，「すべての方向に方向微分可能」という性質と全微分可能性は同値ではないのである．次の例をみてほしい．

例 3.5（すべての方向に方向微分可能だが全微分可能でない例） $\mathbb{R}^2$ 上の函数 f を

$$f(x,y) = \begin{cases} \dfrac{x|y|}{\sqrt{x^2+y^2}}, & (x,y) \neq (0,0) \\ 0, & (x,y) = (0,0). \end{cases}$$

で定める（図 3.5）．

f は O$(0,0)$ ですべての方向に方向微分可能である．実際，勝手に選んだ**単位ベクトル** $\boldsymbol{u} = (u, v)$ に対し $f(ut, vt) = u|v|t$ であるから

$$\boldsymbol{u}_{\mathrm{O}}(f) = \lim_{t \to 0} \frac{u|v|t}{t} = u|v|$$

3.3. 方向微分

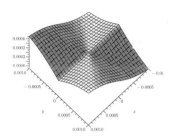

図 3.7 O ですべての方向に方向微分可能だが全微分可能でない例

である．とくに $f_x(0,0) = f_y(0,0) = 0$. f が $(0,0)$ で全微分可能であると仮定すると

$$f(ut, vt) - f(0,0) = f_x(0,0)(ut) + f_y(0,0)(vt) + |t|\varepsilon(ut, vt) = |t|\varepsilon(ut, vt)$$

と表せて $\lim_{t \to 0} \varepsilon(ut, vt) = 0$ となるはずだが，$f(ut, vt) = |t|\varepsilon(ut, vt)$ より $\lim_{t \to 0} |\varepsilon(ut, vt)| = |uv|$ となり，これは 0 とは限らない．矛盾．□

《章末問題》

章末問題 3.1 以下の 2 変数函数について偏導函数を求めよ．
 (1) $f(x, y) = xy(x^3 - y^3)$.
 (2) $f(x, y) = \sqrt{x - 2y}$.
 (3) $f(x, y) = \sin(x - y) + \cos(xy)$.
 (4) $f(x, y) = x^y \ (x > 0)$.

章末問題 3.2 以下の 2 変数函数について全微分を求めよ．
 (1) $f(x, y) = x^4 y + x^2 y^3 + xy^4$.
 (2) $f(x, y) = \tan^{-1}(y/x) \ (x, y > 0)$.
 (3) $f(x, y) = x \cos y - y \sin x$.
 (4) $f(x, y) = \log(x^2 + y^2) \ (x^2 + y^2 \neq 0)$.

章末問題 3.3 λ を正の実数とする.$\mathbb{R}^2$ 上の函数

$$f(x,y) = \begin{cases} \dfrac{x^4+y^2}{(x^2+y^2)^\lambda}, & (x,y) \neq (0,0) \\ 0, & (x,y) = (0,0). \end{cases}$$

に関して以下の問いに答えよ.
 (1) $f(x,y)$ が $(0,0)$ で連続である λ をすべて求めよ.
 (2) $f(x,y)$ が $(0,0)$ で全微分可能である λ をすべて求めよ.

〔東京大学大学院数理科学科 A〕

【コラム】 (平均変化率とは) 評判のよい「2次函数の指導」というものを見学したときのこと．

> 2次関数の変化の割合は，一瞬で計算できないと入試で勝てません．この公式は必須です．
> $$a(p+q).$$

読者は，これが何かすぐわかるだろうか．2次函数 $y = ax^2$ において x が p から q まで変化したときの変化の割合（平均変化率）を計算すると

$$\frac{aq^2 - ap^2}{q-p} = a(p+q)$$

である．引き算や割り算をしていては時間のロス．この公式を覚えていれば即，答えが出せるという．その授業では問題文を一瞥して $a(p+q)$ で計算する練習をさせていた．**定義に即して考える事は賢くない**と力説したかったようだ．(p と q が出てきたからか) 大学院生のときのある出来事を思い出した．ある月刊雑誌の内容チェックのアルバイトを紹介された．就職活動のための雑誌で，試験対策の演習問題が毎月掲載されている．その問題と解説のチェックを至急でということだった．点 (p,q) を通り，傾き a の直線は $y - q = a(x - p)$ で与えられるという事実の説明と練習問題に目が止まった．この方程式の導出が（自分には）まったく理解できず複雑怪奇なものであった．そこで（傾きの**定義に即して考える**）

1次関数のグラフの傾き＝1次関数の変化の割合
$$a = \frac{y - q}{x - p}$$

という式を書いて，これを書き換えれば直線の方程式が得られるという説明に変えてはどうかという意見を書いたところ，「あなたは変化の割合を正しく理解していません．そういう人の独りよがりな意見は求めていない」というお叱りをいただき，このアルバイトは一回きりとなった．平均変化率の正しい理解とは，一体何なんだろうと今でもときどき思案する．偏微分を学ぶ際には定義通りに平均変化率を求めて極限を考察する場面が多い．この「定義通りの操作」が苦手という大学生は少なくない．苦手なのか「やるべきではない」と避けているのか．∂ で泣かないために定義に即して考える姿勢を身につけてほしい．

4 合成函数

この章では合成函数の偏微分法を説明する．

4.1 合成函数の偏微分

まず最初は「力学的な動機」から話を始めよう．力学をきちんと学んでいない読者や，関心のない読者は「1 変数函数と 2 変数函数の合成を考える意義がある」ということだけを掴んでくだされればよい（力学の内容を理解しようと無理をしなくてよい）．

曲面 S 上を動く質点の運動を考えるときはどのようなことに注意したらよいだろうか．要点は

> 運動の軌跡を曲面上の曲線と捉える

である．

曲面 S が函数 $f : \mathcal{D} \to \mathbb{R}$ のグラフで与えられているとしよう．$\mathcal{D}$ 内の曲線 $(x, y) = (\varphi(t), \psi(t))$ を f で写すことで S 上の曲線が得られることに気づいてほしい（図 4.1）．

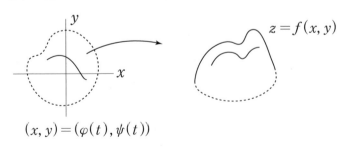

図 4.1

4.1. 合成函数の偏微分

まず $z(t) = f(\varphi(t), \psi(t))$ で t の函数 $z(t)$ を定め

$$(x, y, z) = (\varphi(t), \psi(t), z(t))$$

で S 上を動く曲線が得られる．この曲線が質量 m の質点の運動の軌跡ならば運動方程式

$$m\ddot{x}(t) = F_1(\varphi(t), \psi(t), z(t)),$$
$$m\ddot{y}(t) = F_2(\varphi(t), \psi(t), z(t)),$$
$$m\ddot{z}(t) = F_3(\varphi(t), \psi(t), z(t))$$

をみたす（F_1, F_2, F_3 は x, y, z の函数）．さて

$$\frac{\mathrm{d}x}{\mathrm{d}t} = \dot{\varphi}(t), \quad \frac{\mathrm{d}^2 x}{\mathrm{d}t^2} = \ddot{\varphi}(t), \quad \frac{\mathrm{d}y}{\mathrm{d}t} = \dot{\psi}(t), \quad \frac{\mathrm{d}^2 y}{\mathrm{d}t^2} = \ddot{\psi}(t)$$

と計算できるが

$$\frac{\mathrm{d}z}{\mathrm{d}t} \text{ や } \frac{\mathrm{d}^2 z}{\mathrm{d}t^2} \text{ はどうやって計算したらよいだろうか}$$

そもそも $\varphi(t)$ と $\psi(t)$ は t について**微分可能でないといけない**．f についてはどうだろうか．**どういう条件**をみたしていなければいけないだろうか．

ある時刻 t_0 を固定し $(\varphi(t_0), \psi(t_0)) = (a, b)$ とおく．$z(t) = f(\varphi(t), \psi(t))$ が $t = t_0$ で t について微分可能であるためには f はどのような性質をみたしていなければいけないかを考えておかないと困る．1 変数函数の合成函数の微分法を思い出すと f が (a, b) で全微分可能であればよいのではないかと予想できる（理由を説明してみよう）．この条件をみたしていれば実際うまくいく．小さな $\delta > 0$ をとり

$$h = \varphi(t_0 + \delta) - \varphi(t_0), \quad k = \psi(t_0 + \delta) - \psi(t_0)$$

とおく．

$$\lim_{\delta \to 0} \frac{h}{\delta} = \lim_{\delta \to 0} \frac{\varphi(t_0 + \delta) - \varphi(t_0)}{\delta} = \dot{\varphi}(t_0),$$
$$\lim_{\delta \to 0} \frac{k}{\delta} = \lim_{\delta \to 0} \frac{\psi(t_0 + \delta) - \psi(t_0)}{\delta} = \dot{\psi}(t_0)$$

である．また φ と ψ は連続函数だから

$$\lim_{\delta \to 0} h = \lim_{\delta \to 0} k = 0$$

であることに注意．f が (a, b) で全微分可能だから

$$\begin{cases} f(a+h, b+k) - f(a, b) = f_x(a,b)h + f_y(a,b)k + \sqrt{h^2+k^2}\,\varepsilon(h,k), \\ \lim_{(h,k) \to (0,0)} \varepsilon(h,k) = 0 \end{cases}$$

をみたす $\varepsilon(h, k)$ が存在するから

$$\frac{f(\varphi(t_0)+h, \psi(t_0)+k) - f(\varphi(t_0), \psi(t_0))}{\delta}$$
$$= f_x(a,b)\frac{h}{\delta} + f_y(a,b)\frac{k}{\delta} + \frac{\sqrt{h^2+k^2}}{\delta}\varepsilon(h,k).$$

ここで

$$\lim_{\delta \to 0}\frac{\sqrt{h^2+k^2}}{\delta} = \lim_{\delta \to 0}\sqrt{\left(\frac{h}{\delta}\right)^2 + \left(\frac{k}{\delta}\right)^2} = \sqrt{\dot{\varphi}(t_0)^2 + \dot{\psi}(t_0)^2}$$

であるから $f(\varphi(t), \psi(t))$ は $t = t_0$ で微分可能で

$$\left.\frac{\mathrm{d}}{\mathrm{d}t}\right|_{t=t_0} f(\varphi(t), \psi(t)) = f_x(\varphi(t_0), \psi(t_0))\dot{\varphi}(t_0) + f_y(\varphi(t_0), \psi(t_0))\dot{\psi}(t_0)$$

となる．

曲面上に拘束された質点の運動を考察すると自然に「全微分可能性」が登場することに注意を払ってほしい．以上を整理しておこう．

命題 4.1 函数 $f : \mathcal{D} \to \mathbb{R}$ が全微分可能であるとする．区間 I で定義された微分可能な函数の組 $\varphi(t)$ と $\psi(t)$ が条件

$$\text{すべての } t \in I \text{ に対し } (\varphi(t), \psi(t)) \in \mathcal{D}$$

をみたすならば I 上の函数

$$z(t) = f(x(t), y(t))$$

4.1. 合成函数の偏微分

は I で微分可能であり

(4.1) $$\frac{dz}{dt}(t) = \frac{\partial f}{\partial x}(\varphi(t), \psi(t))\frac{d\varphi}{dt}(t) + \frac{\partial f}{\partial y}(\varphi(t), \psi(t))\frac{d\psi}{dt}(t)$$

が成立する.

これを使えば運動方程式の z 成分が計算できる（この計算は 5.5 節で実行する）.

物理や化学を学んでいく上で式 (4.1) は頻繁に表れる. しかし (4.1) の表示の仕方は正確ではあるけれど煩雑である. 慣れてきたら (4.1) を

$$\frac{dz}{dt} = \frac{\partial z}{\partial x}\frac{dx}{dt} + \frac{\partial z}{\partial y}\frac{dy}{dt}$$

と略記してしまおう.

註 4.1 (連続函数の合成) 命題 4.1 において f, φ, ψ が連続のとき, $z(t)$ も連続である（命題 A.4 参照, 確かめよ）.

例題 4.1 $f(x, y) = x^3 y^2, x = \varphi(t) = t^2, y = \psi(t) = t^4$ とする. 合成函数 $f(\varphi(t), \psi(t))$ の導函数を求めよ.

【解答】 f は $\mathbb{R}^2$ 全体で定義された C^1 級函数, φ, ψ は数直線 $\mathbb{R}$ 全体で定義された微分可能な函数なので合成函数 $f(t) = f(\varphi(t), \psi(t))$ は微分可能. 計算の仕方を 2 通り示そう.

(1) $f(t)$ を計算してから微分する方法：
$f(t) = x^3 y^2$ に $x = t^2, y = t^4$ を代入すると

$$f(t) = (t^2)^3 (t^4)^2 = t^6 \, t^8 = t^{14}.$$

したがって
$$\frac{df}{dt} = \frac{d}{dt}(t^{14}) = 14t^{13}.$$

(2) 合成函数の微分法を使う方法：

$$\begin{aligned}
\frac{\mathrm{d}}{\mathrm{d}t}f(t) &= \frac{\partial}{\partial x}\bigg|_{x=t^2,y=t^4}(x^3y^2)\frac{\mathrm{d}}{\mathrm{d}t}(t^2) + \frac{\partial}{\partial y}\bigg|_{x=t^2,y=t^4}(x^3y^2)\frac{\mathrm{d}}{\mathrm{d}t}(t^4) \\
&= (3x^2y^2)\bigg|_{x=t^2,y=t^4}(2t) + (2x^3y)\bigg|_{x=t^2,y=t^4}(4t^3) \\
&= 3(t^2)^2(t^4)^2 \cdot (2t) + 2(t^2)^3(t^4) \cdot (4t^3) \\
&= 6t^{13} + 8t^{13} = 14t^{13}.
\end{aligned}$$

$f(t)$ が t の式として簡単な形になるときは $f(t)$ を計算してから微分する方が楽である． □

例題 4.2 $f(x,y) = x\cos y - y\cos x$, $x = \cos(2t)$, $y = \sin(2t)$ のとき $f(t) = f(\cos(2t), \sin(2t))$ の t に関する導函数を求めよ．

【解答】 x, y に $x = \cos(2t), y = \sin(2t)$ を代入するのは後回し（最後に代入する）にして計算してみよう．

$$\begin{aligned}
\frac{\mathrm{d}}{\mathrm{d}t}f(t) &= \frac{\partial}{\partial x}(x\cos y - y\cos x)\frac{\mathrm{d}}{\mathrm{d}t}(\cos(2t)) \\
&\quad + \frac{\partial}{\partial y}(x\cos y - y\cos x)\frac{\mathrm{d}}{\mathrm{d}t}(\sin(2t)) \\
&= (\cos y + y\sin x)(-2\sin(2t)) + (-x\sin y - \cos x)(2\cos(2t)) \\
&\quad \longleftarrow \text{（ここで } x = \cos(2t),\ y = \sin(2t) \text{ を代入すると）} \longrightarrow \\
&= (\cos(\sin(2t)) + \sin(2t)\sin(\cos(2t)))(-2\sin(2t)) \\
&\quad + (-\cos(2t)\sin(\sin(2t)) - \cos(\cos(2t)))(2\cos(2t)) \\
&= -2\sin(2t)\{\cos(\sin(2t)) + \sin(2t)\sin(\cos(2t))\} \\
&\quad - 2\cos(2t)\{\cos(2t)\sin(\sin(2t)) + \cos(\cos(2t))\}
\end{aligned}$$

と求められる． □

4.2 座標変換

力学で xy 座標系(直交座標系)ではなく極座標系を用いた方が運動方程式などを扱いやすくなることがある(たとえば平面内の中心力による運動).また電磁気学では積分の計算で極座標を用いることがある.そこでこの節では「直交座標と極座標の変換」を念頭において座標変換について説明しよう.

まず (x,y) を直交座標とする数平面を用意し $\mathbb{R}^2(x,y)$ と表記しよう.続けて (u,v) を直交座標とする数平面を $\mathbb{R}^2(u,v)$ で表す.

2つの領域 $\mathcal{D}' \subset \mathbb{R}^2(u,v),\ \mathcal{D} \subset \mathbb{R}^2(x,y)$ の間に点の対応規則

$$\Phi : \mathcal{D}' \to \mathcal{D}$$

が与えられているとしよう.

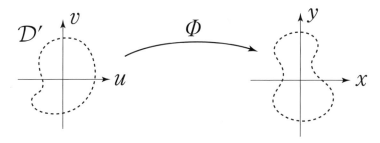

図 4.2　2 枚の数平面

つまり $\mathcal{D}'$ の点 (u,v) に対し $\mathcal{D}$ の点 (x,y) がただ 1 つだけ定まっているとする.このような対応規則を $\mathcal{D}'$ から $\mathcal{D}$ への**写像** (map, mapping) という.(u,v) に写像 Φ で対応する点 (x,y) の x 座標,y 座標はともに (u,v) から定まることから,(u,v) の関数である.そこで

$$x = \varphi(u,v),\ \ y = \psi(u,v)$$

と 2 変数関数らしく表すことにしよう.また写像 Φ を

$$\Phi(u,v) = (\varphi(u,v), \psi(u,v))$$

と表示する．要するに

> 写像 $\Phi : \mathcal{D}' \to \mathcal{D}$ は $\mathcal{D}'$ で定義された函数の組 $\{\varphi(u,v), \psi(u,v)\}$ で条件 $(\varphi(u,v), \psi(u,v)) \in \mathcal{D}$ をみたすもののことである．

さて $\mathcal{D}$ 上の函数 $z = f(x,y)$ に対し $F : \mathcal{D}' \to \mathbb{R}$ を

$$F(u,v) = f(\varphi(u,v), \psi(u,v))$$

で定義しよう．F は f に Φ を**合成**して得られる函数とよばれ $F = f \circ \Phi$ と表記される．

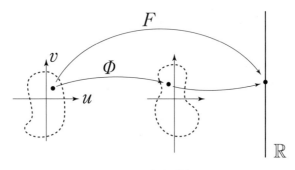

図 4.3 合成函数

合成函数 F はどういう条件をみたせば偏微分可能だろうか．また全微分可能だろうか．$\mathcal{D}'$ 内の 1 点 (u_0, v_0) における F の偏微分係数を求めてみよう．まず $a = \varphi(u_0, v_0)$, $b = \psi(u_0, v_0)$ とおく．小さな $\delta > 0$ をとり

$$\varphi(u_0 + \delta, v_0) - a = h, \ \psi(u_0 + \delta, v_0) - b = k$$

とおくと

4.2. 座標変換

$$\begin{aligned}
\frac{\partial F}{\partial u}(u_0, v_0) &= \lim_{\delta \to 0} \frac{F(u_0 + \delta, v_0) - F(u_0, v_0)}{\delta} \\
&= \lim_{\delta \to 0} \frac{f(\varphi(u_0 + \delta, v_0), \psi(u_0 + \delta, v_0)) - f(\varphi(u_0, v_0), \psi(u_0, v_0))}{\delta} \\
&= \lim_{\delta \to 0} \frac{f(a + h, b + k) - f(a, b)}{\delta} \\
&= \lim_{\delta \to 0} \left\{ \frac{f(a + h, b + k) - f(a, b + k)}{\delta} + \frac{f(a, b + k) - f(a, b)}{\delta} \right\} \\
&= \lim_{\delta \to 0} \left(\frac{f(a + h, b + k) - f(a, b + k)}{h} \frac{h}{\delta} \right) \\
&\quad + \lim_{\delta \to 0} \left(\frac{f(a, b + k) - f(a, b)}{k} \frac{k}{\delta} \right) \\
&= \lim_{\delta \to 0} \left(\frac{f(a + h, b + k) - f(a, b + k)}{h} \right) \lim_{\delta \to 0} \frac{h}{\delta} \\
&\quad + \lim_{\delta \to 0} \left(\frac{f(a, b + k) - f(a, b)}{k} \right) \lim_{\delta \to 0} \frac{k}{\delta}.
\end{aligned}$$

ここで $h = \varphi(u_0 + \delta, v_0) - \varphi(u_0, v_0)$ だから $\delta \to 0$ ならば $h \to 0$. もちろん $k \to 0$. さらに

$$\lim_{\delta \to 0} \frac{h}{\delta} = \lim_{\delta \to 0} \frac{\varphi(u_0 + \delta, v_0) - \varphi(u_0, v_0)}{\delta} = \frac{\partial \varphi}{\partial u}(u_0, v_0)$$

である. 同様に

$$\lim_{\delta \to 0} \frac{k}{\delta} = \frac{\partial \psi}{\partial u}(u_0, v_0)$$

であるから結局

$$\frac{\partial F}{\partial u}(u_0, v_0) = \frac{\partial F}{\partial x}(a, b) \frac{\partial \varphi}{\partial u}(u_0, v_0) + \frac{\partial F}{\partial y}(a, b) \frac{\partial \psi}{\partial u}(u_0, v_0)$$

が得られた. 同様に

$$\frac{\partial F}{\partial v}(u_0, v_0) = \frac{\partial F}{\partial x}(a, b) \frac{\partial \varphi}{\partial v}(u_0, v_0) + \frac{\partial F}{\partial y}(a, b) \frac{\partial \psi}{\partial v}(u_0, v_0)$$

も得られる. この結果も (**慣れてきたら**)

$$\frac{\partial F}{\partial u} = \frac{\partial F}{\partial x} \frac{\partial x}{\partial u} + \frac{\partial F}{\partial y} \frac{\partial y}{\partial u}, \quad \frac{\partial F}{\partial v} = \frac{\partial F}{\partial x} \frac{\partial \varphi}{\partial v} + \frac{\partial F}{\partial y} \frac{\partial \psi}{\partial v}$$

と略記しよう（というより「略記できるように慣れよう」）．
さらに慣れてきたら，いちいち f と $f \circ \varPhi$ を**区別しないで**

$$\frac{\partial f}{\partial u} = \frac{\partial f}{\partial x}\frac{\partial x}{\partial u} + \frac{\partial f}{\partial y}\frac{\partial y}{\partial u}, \quad \frac{\partial f}{\partial v} = \frac{\partial f}{\partial x}\frac{\partial \varphi}{\partial v} + \frac{\partial f}{\partial y}\frac{\partial \psi}{\partial v}$$

と書いてしまうことが多い．物理や化学の勉強を進めていくと，この略記法を前提とした式によく出会うので慣れておかねばならない[*1]．この略記法を見て，その意味をきちんとよみとれないまま先に進んでしまうと何もかもがチンプンカンプンになってしまう．5.2 節で波動方程式について説明するが，そこでは直交座標を特性座標というものに取り替える．ここで説明したような略記法を遠慮なく用いる．

定理 4.1（合成函数の偏微分）

$$\frac{\partial f}{\partial u} = \frac{\partial f}{\partial x}\frac{\partial x}{\partial u} + \frac{\partial f}{\partial y}\frac{\partial y}{\partial u}, \quad \frac{\partial f}{\partial v} = \frac{\partial f}{\partial x}\frac{\partial x}{\partial v} + \frac{\partial f}{\partial y}\frac{\partial y}{\partial v}.$$

この関係式を行列を使って

$$(4.2) \qquad (f_u \; f_v) = (f_x \; f_y)\begin{pmatrix} x_u & x_v \\ y_u & y_v \end{pmatrix}$$

と表す．この 2 次正方行列は重積分の計算で活躍する．このように 2 変数函数（や 3 変数函数）を扱うとベクトルや行列を活用するのが便利だとだんだんわかってくると思う．

2 変数函数（や 3 変数函数）の微分積分を学ぶ上で大切な心構えは

> 微分積分と線型代数を自分の内面で 1 つの科目として関連づけて整理していくこと

である．

ここで平面極座標（polar coordinates）を説明しよう．数平面 $\mathbb{R}^2(x,y)$ において，点 P(x,y) の位置を原点からの距離 $r = \sqrt{x^2+y^2}$ と x 軸から測った

[*1] もちろん数学の専門書でもそうです．

4.2. 座標変換

角 θ を用いて
$$(x,y) = (r\cos\theta, r\sin\theta)$$
と表すことができる．(r,θ) を点 $\mathrm{P}(x,y)$ の **極座標** (polar coordinates) という．

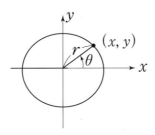

図 4.4　極座標：$\theta = \angle\mathrm{EOP}$

$\mathrm{P}(x,y)$ の極座標を (r,θ) とすると，どの整数 $n \in \mathbb{Z}$ についても $(r, \theta+2n\pi)$ と (r,θ) は同じ点を表すことに注意しよう．実際

$$r\cos(\theta+2n\pi) = r\cos\theta, \quad r\sin(\theta+2n\pi) = r\sin\theta.$$

そこで次のように記号を定めておく．

$$(r_1,\theta_1) \equiv (r_2,\theta_2) \iff (r_1,\theta_1) \text{ と } (r_2,\theta_2) \text{ は同じ点を定める}$$

註 4.2 (極座標の拡張)　長さ r は 0 以上であるが，
$$r\cos\theta = (-r)\cos(\theta+\pi), \quad r\sin\theta = (-r)\sin(\theta+\pi)$$
であることに着目して極座標を $r<0$ に拡張することもできる．その拡張の下では
$$(r,\theta) \equiv (-r, \theta+\pi)$$
が成り立つ．

(r,θ) を座標にもつ数平面 $\mathbb{R}^2(r,\theta)$ 内の領域
$$\mathcal{D}' = \{(r,\theta) \mid r \geqq 0\}$$

から (x,y) を直交座標にもつ数平面 $\mathbb{R}^2(x,y)$ への写像 $\Phi: \mathcal{D}' \to \mathbb{R}^2(x,y)$ を
$$\Phi(r,\theta) = (r\cos\theta, r\sin\theta)$$
s で定めることができる．この Φ に定理 4.1 を適用すると
$$\frac{\partial f}{\partial r} = \cos\theta \frac{\partial f}{\partial x} + \sin\theta \frac{\partial f}{\partial y}, \quad \frac{\partial f}{\partial \theta} = -r\sin\theta \frac{\partial f}{\partial x} + r\cos\theta \frac{\partial f}{\partial y}$$
を得る．この関係式を行列を使って
$$(f_r \ f_\theta) = (f_x \ f_y) \begin{pmatrix} \cos\theta & -r\sin\theta \\ \sin\theta & r\cos\theta \end{pmatrix}$$
と表しておこう．いまは f_r, f_θ を f_x と f_y で表す式を導いたが，これらを f_x, f_y についての式に書き直すことができる．実行すると
$$\frac{\partial f}{\partial x} = \cos\theta \frac{\partial f}{\partial r} - \frac{\sin\theta}{r} \frac{\partial f}{\partial \theta}, \quad \frac{\partial f}{\partial y} = \sin\theta \frac{\partial f}{\partial r} + \frac{\cos\theta}{r} \frac{\partial f}{\partial \theta}$$
が得られる．

註 4.3 (行列を使う) 逆行列の計算を既に学んでいれば

$$(f_x \ f_y) = (f_r \ f_\theta) \begin{pmatrix} \cos\theta & -r\sin\theta \\ \sin\theta & r\cos\theta \end{pmatrix}^{-1} = (f_r \ f_\theta) \begin{pmatrix} \cos\theta & \sin\theta \\ -(\sin\theta)/r & (\cos\theta)/r \end{pmatrix}$$
$$= (\cos\theta f_r - \sin\theta \ f_\theta/r \ \ \sin\theta f_r + \cos\theta f_\theta/r)$$

と計算できる．

例題 4.3 $z = f(x,y)$ が全微分可能なら
$$\left(\frac{\partial z}{\partial x}\right)^2 + \left(\frac{\partial z}{\partial y}\right)^2 = \left(\frac{\partial z}{\partial r}\right)^2 + \left(\frac{1}{r}\frac{\partial z}{\partial \theta}\right)^2.$$

【解答】
$$\frac{\partial z}{\partial \theta} = \frac{\partial z}{\partial x}\frac{\partial}{\partial \theta}(r\cos\theta) + \frac{\partial z}{\partial y}\frac{\partial}{\partial \theta}(r\sin\theta)$$
$$= \frac{\partial z}{\partial x}(-r\sin\theta) + \frac{\partial z}{\partial y}(r\cos\theta) = -(r\sin\theta)z_x + (r\cos\theta)z_y$$

4.2. 座標変換

より

$$\left(\frac{\partial z}{\partial \theta}\right)^2 = r^2 \left\{(z_x)^2 \sin^2\theta - 2\sin\theta\cos\theta\, z_x z_y + (z_y)^2 \cos^2\theta\right\}.$$

一方

$$\frac{\partial z}{\partial r} = \frac{\partial z}{\partial x}\frac{\partial}{\partial r}(r\cos\theta) + \frac{\partial z}{\partial y}\frac{\partial}{\partial r}(r\sin\theta) = (\cos\theta)\, z_x + (\sin\theta)\, z_y.$$

したがって

$$\left(\frac{\partial z}{\partial r}\right)^2 = (z_x)^2 \cos^2\theta + 2\sin\theta\cos\theta\, z_x z_y + (z_y)^2 \sin^2\theta.$$

以上より結論の式を得る． □

全微分に関するとても大切な定理を述べる．

定理 4.2 (全微分の不変性)

$$\frac{\partial z}{\partial x}\,\mathrm{d}x + \frac{\partial z}{\partial y}\,\mathrm{d}y = \frac{\partial z}{\partial u}\,\mathrm{d}u + \frac{\partial z}{\partial v}\,\mathrm{d}v.$$

【証明】

$$\begin{aligned}
\frac{\partial z}{\partial u}\,\mathrm{d}u + \frac{\partial z}{\partial v}\,\mathrm{d}v &= \left(\frac{\partial z}{\partial x}\frac{\partial x}{\partial u} + \frac{\partial z}{\partial y}\frac{\partial y}{\partial u}\right)\mathrm{d}u + \left(\frac{\partial z}{\partial x}\frac{\partial x}{\partial v} + \frac{\partial z}{\partial y}\frac{\partial y}{\partial v}\right)\mathrm{d}v \\
&= \frac{\partial z}{\partial x}\left(\frac{\partial x}{\partial u}\,\mathrm{d}u + \frac{\partial x}{\partial v}\,\mathrm{d}v\right) + \frac{\partial z}{\partial y}\left(\frac{\partial y}{\partial u}\,\mathrm{d}u + \frac{\partial y}{\partial v}\,\mathrm{d}v\right) \\
&= \frac{\partial z}{\partial x}\,\mathrm{d}x + \frac{\partial z}{\partial y}\,\mathrm{d}y.
\end{aligned}$$

■

つまり全微分 $\mathrm{d}z$ は (x,y) を使っても (u,v) を使っても一致する．全微分は**座標系に無関係**に定まる．これは物理の観点からは大切（というか好都合）である．座標系は人間の都合で勝手に引くものだから選んだ座標系ごとに異なる結果になるようなものは物理法則を表現するには不都合である．物理法則は座標系に無関係であるべきだから．

直交座標 (x,y) から極座標 (r,θ) を求める際には θ がどの象限にあるかに注意しなければならない．次の節に進む前に節末問題を解いておいてほしい[*2]．

節末問題 4.2.1 $(-2\sqrt{3}, 2)$ の極座標を求めよ．

節末問題 4.2.2 $(-2\sqrt{2}, -2\sqrt{2})$ の極座標を求めよ．

節末問題 4.2.3 極座標を利用して極限 $\displaystyle\lim_{(x,y)\to(0,0)} \frac{2x^3 - y^3 + x^2 + y^2}{x^2 + y^2}$ を求めよ．

4.3 熱力学

熱力学では実際に全微分を積極的に活用する．ここでは熱力学を例にとって全微分の活用を説明する．

【ひとこと】 熱力学について学んでいない読者は，読み飛ばしたくなるかもしれないが，焦らず嫌わず，目を通してほしい．物理（熱力学）用語は従属変数や独立変数につけられた「単なる名称」と思って，**数学的な意味だけに集中**してほしい．そうすれば全微分の活用の仕方がつかめる．物理学や化学など，熱力学を学んでいる，またはこれから学ぶ読者は物理学的な内容も理解するようつとめてほしい．

T を（絶対）温度，p を圧力，V を体積とする．S でエントロピー (entropy) とよばれる量を，U で内部エネルギーとよばれる量を表す．このときエンタルピー (enthalpy) とよばれる量 H が $H = U + pV$ で定められる．ヘルムホルツ[*3]の自由エネルギーとよばれる量 F が $F = U - TS$ で定められる．またギッブス[*4]の自由エネルギー G は $G = H - TS$ で定められる．$G = F + pV$ であることに注意．

── 熱力学の第一法則 ──────────

1つの物体系を定められたはじめの状態から定められた終わりの状態にいろいろな方法で移すとき，物体系に与えられた力学的仕事と熱量の和は一定である．

───────────────────────

[*2] あとの章でこの計算は意味をもつので！
[*3] Hermann Ludwig Ferdinand von Helmholtz, 1821-1894
[*4] Josiah Willard Gibbs, 1839-1903

4.3. 熱力学

この法則を数式で表現しよう．最初の状態の内部エネルギーを U_1，終わりの状態の内部エネルギーを U_2 とすると

$$U_2 - U_1 = W + Q, \quad Q = 熱量.$$

この式の全微分をとると

$$\mathrm{d}U = \mathrm{d}W + \mathrm{d}Q$$

これが熱力学の第一法則の数式による表現である．

物体に加える仕事が圧力による仕事のとき

$$\mathrm{d}W = -p\,\mathrm{d}V$$

である．この場合

$$\mathrm{d}U = \mathrm{d}Q - p\,\mathrm{d}V.$$

ところでエントロピーとよばれる量 S は

$$\mathrm{d}S = \frac{\mathrm{d}Q}{T}$$

で与えられる．これを利用すると

$$\mathrm{d}U = T\,\mathrm{d}S - p\,\mathrm{d}V$$

が得られる．$H = U + pV$ の全微分を計算すると

$$\begin{aligned}\mathrm{d}H &= \mathrm{d}U + \mathrm{d}(pV) = \mathrm{d}U + (\mathrm{d}p)V + p\,\mathrm{d}V \\ &= (T\,\mathrm{d}S - p\,\mathrm{d}V) + (\mathrm{d}p)V + p\,\mathrm{d}V \\ &= T\,\mathrm{d}S + V\,\mathrm{d}p.\end{aligned}$$

また

$$\begin{aligned}\mathrm{d}G &= \mathrm{d}(H - TS) = \mathrm{d}H - \mathrm{d}T\,S - T\,\mathrm{d}S \\ &= T\mathrm{d}S + V\mathrm{d}p - (\mathrm{d}T)\,S - T\,\mathrm{d}S \\ &= -S\,\mathrm{d}T + V\,\mathrm{d}p\end{aligned}$$

が得られる．F の全微分は

$$dF = d(G - pV) = dG - (dp)\,V - p\,dV \\ = (-S\,dT + V\,dp) - (dp)\,V - p\,dV = -S\,dT - p\,dV$$

と計算される．これらの関係式

$$dU = T\,dS - p\,dV,\\ dH = T\,dS + V\,dp,\\ dF = -S\,dT - p\,dV\\ dG = -S\,dT + V\,dp$$

は熱力学の基本的な関係式である．

次の章で，この関係式からマクスウェル[*5]の関係式とよばれる大事な等式を導く．

《章末問題》

章末問題 4.1 $z = f(x,y) = x^3 y^2$, $x = t^2$, $y = t^4$ とする．合成函数 $z(t) = f(t^2, t^4)$ の導函数を求めよ．

章末問題 4.2 $z = f(x,y) = e^{x^2 y}$, $x = t^2 + t + 1$, $y = \log t$ とする．合成函数 $z(t) = f(t^2, t^4)$ の導函数を求めよ．

章末問題 4.3 $z = f(x,y) = 1/x - 1/y$, $x = u\cos v$, $y = u\sin v$ とする．合成函数 $z(u,v) = f(u\cos v, u\sin v)$ の偏導函数を求めよ．

[*5] James Clerk Maxwell, 1831-1879.

5 高階偏導函数

5.1 2階偏導函数

偏微分可能な2変数函数 $f:\mathcal{D}\to\mathbb{R}$ に対し偏導函数 f_x が x について $\mathcal{D}$ 上で偏微分可能だとしよう．そのとき f_x の x に関する偏導函数

$$\frac{\partial}{\partial x}\left(\frac{\partial f}{\partial x}\right)$$

を

$$\frac{\partial^2 f}{\partial x^2} \text{ とか } f_{xx}$$

と表記する．同様に f_x が y について $\mathcal{D}$ 上で偏微分可能なとき f_x の y に関する偏導函数を

$$\frac{\partial^2 f}{\partial y \partial x} \text{ とか } f_{xy}$$

で表す．同じ要領で

$$f_{yx} = \frac{\partial^2 f}{\partial x \partial y} = \frac{\partial}{\partial x}\left(\frac{\partial f}{\partial y}\right)$$

および

$$f_{yy} = \frac{\partial^2 f}{\partial y^2} = \frac{\partial}{\partial y}\left(\frac{\partial f}{\partial y}\right)$$

を定める．**表記方法に注意を払ってほしい．**

順序に注意！

$$f_{xy} = \frac{\partial^2 f}{\partial y \partial x} \text{ であり } f_{yx} = \frac{\partial^2 f}{\partial x \partial y}$$

ここで次の定義を与えよう．

定義 5.1 偏微分可能な2変数函数 $f:\mathcal{D}\to\mathbb{R}$ において

- f_x が x, y の双方に関し $\mathcal{D}$ 上で偏微分可能かつ
- f_y が x, y の双方に関し $\mathcal{D}$ 上で偏微分可能

であるとき f は $\mathcal{D}$ 上で 2 回偏微分可能であるという．$f_{xx}, f_{xy}, f_{yx}, f_{yy}$ は f の 2 階偏導函数とか 2 次偏導函数とよばれる．

さらに $f_{xx}, f_{xy}, f_{yx}, f_{yy}$ がすべて $\mathcal{D}$ 上の連続函数であるとき f は $\mathcal{D}$ 上で 2 回連続偏微分可能であるという．そのとき f は C^2 級函数であるという．

例題 5.1 次の 2 変数函数について 2 階導函数 f_{xy} と f_{yx} を求めよ．
(1) $f(x,y) = e^{xy^2}$ (2) $f(x,y) = \sin(2x+3y)$.

【解答】 (1) $f_x = y^2 e^{xy^2}$．$f_y = 2xy e^{xy^2}$ より

$$f_{xy} = (y^2 e^{xy^2})_y = (y^2)_y\, e^{xy^2} + y^2\, (e^{xy^2})_y = 2y(1+xy^2)e^{xy^2},$$
$$f_{yx} = (2xy e^{xy^2})_x = (2xy)_x\, e^{xy^2} + 2xy\, (e^{xy^2})_x = 2y(1+xy^2)e^{xy^2}.$$

$f_{xy} = f_{yx}$ である．
(2) $f_x = 2\cos(2x+3y),\, f_y = 3\cos(2x+3y)$ より

$$f_{xy} = \{2\cos(2x+3y)\}_y = -6\sin(2x+3y),$$
$$f_{yx} = \{3\cos(2x+3y)\}_x = -6\sin(2x+3y).$$

この例でも $f_{xy} = f_{yx}$ である． □

f_{xy} と f_{yx} は必ず一致するのだろうか．次の例を注意しながら見てほしい．

例 5.1 (偏微分の順序)

$$z = f(x,y) = \begin{cases} \dfrac{x^3 y}{x^2+y^2}, & (x,y) \neq (0,0) \\ 0, & (x,y) = (0,0). \end{cases}$$

の 2 階偏導函数を調べる．まず $\mathbb{R}^2 \setminus \{(0,0)\}$ において

$$\frac{\partial f}{\partial x} = \frac{x^4 y + 3x^2 y^3}{(x^2+y^2)^2}$$

は連続である．$(0,0)$ でも連続かどうか調べよう．

$$\left|\frac{\partial f}{\partial x}\right| = \left|\frac{x^4}{(x^2+y^2)^2}\, y + \frac{x^2}{(x^2+y^2)^2}\,(3y^3)\right| \leq |y| + |3y^3|$$

であるから
$$\lim_{(x,y)\to(0,0)} \frac{\partial f}{\partial x}(x,y) = 0.$$

一方
$$f_x(0,0) = \lim_{h\to 0}\frac{f(0+h,0)-f(0,0)}{h} = \lim_{h\to 0}\left\{\frac{1}{h}\frac{h^3\times 0}{h^2+0^2}\right\} = 0$$

であるから f_x は $\mathbb{R}^2$ 全体で連続である．同様に f_y も $\mathbb{R}^2$ 全体で連続であることが確かめられる．したがって f は $\mathbb{R}^2$ 全体で C^1 級である（とくに全微分可能）である．$\mathbb{R}^2 \setminus \{(0,0)\}$ において

$$\frac{\partial}{\partial y}\frac{\partial f}{\partial x} = \frac{\partial}{\partial y}\left(\frac{x^4 y + 3x^2 y^3}{(x^2+y^2)^2}\right) = \frac{x^2(x^4+6x^2 y^2-3y^4)}{(x^2+y^2)^3},$$

$$\frac{\partial}{\partial x}\frac{\partial f}{\partial y} = \frac{\partial}{\partial x}\left(\frac{x^5-x^3 y^2}{(x^2+y^2)^2}\right) = \frac{x^2(x^4+6x^2 y^2-3y^4)}{(x^2+y^2)^3}$$

より $f_{xy} = f_{yx}$ が $\mathbb{R}^2\setminus\{(0,0)\}$ で成り立つ．

ところが

$$\frac{\partial^2 f}{\partial y \partial x}(0,0) = \lim_{k\to 0}\frac{f_x(0,k)-f_x(0,0)}{k} = \lim_{k\to 0}\left(\frac{1}{k}\frac{0}{k^4}\right) = 0,$$

$$\frac{\partial^2 f}{\partial x \partial y}(0,0) = \lim_{h\to 0}\frac{f_y(h,0)-f_y(0,0)}{h} = \lim_{h\to 0}\left(\frac{1}{h}\frac{h^5}{(h^2)^2}\right) = 1$$

より f_{xy} と f_{yx} は $(0,0)$ で一致しない．この例が示すように $f_{xy} = f_{yx}$ は**無条件には成立しない**．

f_{xy} と f_{yx} は $(x,y)\neq(0,0)$ では一致するが $(0,0)$ では一致しない．そこで

$$\lim_{(x,y)\to(0,0)} f_{xy}(x,y) = \lim_{(x,y)\to(0,0)} f_{yx}(x,y)$$
$$= \lim_{(x,y)\to(0,0)} \frac{x^2(x^4+6x^2 y^2-3y^4)}{(x^2+y^2)^3}$$

を調べる. x 軸に沿って $(x,y) \to (0,0)$ としてみよう. $x = h \neq 0$, $y = 0$ として

$$\lim_{h \to 0} f_{xy}(h, 0) = \lim_{h \to 0} \frac{h^2(h^4)}{(h^2)^3} = 1.$$

y 軸に沿って $(x,y) \to (0,0)$ としてみよう. $x = 0$, $y = k \neq 0$ として

$$\lim_{k \to 0} f_{xy}(0, k) = \lim_{k \to 0} \frac{0}{(k^2)^3} = 0$$

であるから

$$\lim_{(x,y) \to (0,0)} f_{xy}(x, y), \quad \lim_{(x,y) \to (0,0)} f_{yx}(x, y)$$

はともに確定しない. すなわち f_{xy} と f_{yx} は $(0,0)$ では**連続でない**. □

f_{xy} の連続性が保証されれば $f_{xy} = f_{yx}$ は成立するだろうか.

定理 5.1 (シュワルツの定理) 点 (a,b) の近傍で f_x, f_y, f_{xy} が存在し f_{xy} が連続ならば f_{yx} も点 (a,b) の近傍で存在し $f_{xy} = f_{yx}$ が成り立つ.

【証明】 目標は等式

$$\lim_{h \to 0} \frac{f_y(a+h, b) - f_y(a, b)}{h} = f_{xy}(a, b)$$

を証明すること.

$\varphi(t) = f(t, b+k) - f(t, b)$ とおく. $\varphi(a) = f(a, b+k) - f(a, b)$ であるから

$$\lim_{k \to 0} \frac{\varphi(a)}{k} = \lim_{k \to 0} \frac{f(a, b+k) - f(a, b)}{k} = \frac{\partial f}{\partial y}(a, b)$$

である. これを利用すると

$$\lim_{k \to 0} \frac{\varphi(a+h) - \varphi(a)}{k} = \lim_{k \to 0} \frac{\varphi(a+h)}{k} - \lim_{k \to 0} \frac{\varphi(a)}{k}$$
$$= f_y(a+h, b) - f_y(a, b)$$

と計算できる. $\varphi(t)$ に対し, 1 変数関数に対する平均値の定理を適用すると

$$\frac{\varphi(a+h) - \varphi(a)}{h} = \dot{\varphi}(a + \theta_1 h)$$

をみたす $\theta_1 \in (0,1)$ が存在する（ドット・は t に関する微分演算を表す）．この右辺は

$$\begin{aligned}\dot\varphi(a+\theta_1 h) &= \frac{\mathrm{d}\varphi}{\mathrm{d}t}(a+\theta_1 h) \\ &= \left\{\frac{\partial f}{\partial x}(a+\theta_1 h, b+k) - \frac{\partial f}{\partial x}(a+\theta_1 h, b)\right\}\frac{\mathrm{d}x}{\mathrm{d}t} \\ &= \frac{\partial f}{\partial x}(a+\theta_1 h, b+k) - \frac{\partial f}{\partial x}(a+\theta_1 h, b)\end{aligned}$$

と計算される．この計算結果を眺めて

$$\psi(t) = \frac{\partial f}{\partial x}(a+\theta_1 h, t)$$

とおく．再び，平均値の定理より

$$\frac{\psi(b+k)-\psi(b)}{k} = \dot\psi(b+\theta_2 k)$$

をみたす $\theta_2 \in (0,1)$ が存在する．

$$\begin{aligned}\dot\psi(b+\theta_2 k) &= \frac{\mathrm{d}\psi}{\mathrm{d}t}(b+\theta_2 k) = \frac{\mathrm{d}}{\mathrm{d}t}\bigg|_{t=b+\theta_2 k}\frac{\partial f}{\partial x}(a+\theta_1 h, t) \\ &= \left(\frac{\partial}{\partial y}\frac{\partial f}{\partial x}\right)(a+\theta_1 h, b+\theta_2 k) = f_{xy}(a+\theta_1 h, b+\theta_2 k).\end{aligned}$$

以上より

$$\varphi(a+h) - \varphi(a) = f_{xy}(a+\theta_1 h, b+\theta_2 k)hk$$

が得られた．ここで

$$\varepsilon(h,k) = f_{xy}(a+\theta_1 h, b+\theta_2 k) - f_{xy}(a,b)$$

とおくと f_{xy} の連続性から $\displaystyle\lim_{(h,k)\to(0,0)}\varepsilon(h,k) = 0$ が成り立つ．

$$\varphi(a+h) - \varphi(a) = hk\left\{f_{xy}(a,b) + \varepsilon(h,k)\right\}$$

と書き換えられることを注意しておく．以上の結果を利用すると

$$\lim_{k \to 0} \frac{\varphi(a+h) - \varphi(a)}{k} = \lim_{k \to 0} \{(f_{xy}(a,b) + \varepsilon(h,k))h\}$$
$$= h f_{xy}(a,b) + h \lim_{k \to 0} \varepsilon(h,k)$$

が得られる．したがって

$$\frac{f_y(a+h,b) - f_y(a,b)}{h} = f_{xy}(a,b) + \lim_{k \to 0} \varepsilon(h,k)$$

が導けた．この式で $h \to 0$ とすれば

$$\frac{\partial^2 f}{\partial x \partial y}(a,b) = f_{xy}(a,b)$$

を得る． ∎

次の系はヤングの定理という名称で知られている[*1]．

系 5.1 (ヤングの定理) f が領域 $\mathcal{D}$ 上で C^2 級であれば $f_{xy} = f_{yx}$ が成立する．

ここで C^2 級函数の定義について 1 つ注意をしておきたい．本によっては C^2 級の定義を

> $f : \mathcal{D} \to \mathbb{R}$ が 2 回偏微分可能で，1 階偏導函数 f_x, f_y および 2 階偏導函数 $f_{xx}, f_{xy}, f_{yx}, f_{yy}$ がすべて連続

としている (例えば笠原 [7, §5.2 定義 5.11]，杉浦 [14, §2.3 定義 4])．この本の定義と一致していないように見えるが，両者の定義は一致していることを確認しておこう．

定理 5.2 領域 $\mathcal{D}$ で定義された 2 変数函数 f が

- f は偏微分可能であり

[*1] William Henry Young, 1863–1942.

- f_x, f_y はともに偏微分可能で $f_{xx}, f_{xy}, f_{yx}, f_{yy}$ がすべて連続

をみたすならば f_x と f_y も連続である．すなわち f は C^1 級．

【証明】 仮定より $f_{xx} = (f_x)_x, f_{xy} = (f_x)_y, f_{yx} = (f_y)_x, f_{yy} = (f_y)_y$ が連続である．これは f_x, f_y がともに C^1 級ということ．したがって定理 3.1 と定理 3.2 を f_x と f_y に適用すると

- f_x が C^1 級 $\Longrightarrow$ f_x は全微分可能，したがって f_x は連続．
- f_y が C^1 級 $\Longrightarrow$ f_y は全微分可能，したがって f_y は連続．

ゆえに f は C^1 級である． ∎

とくに C^2 級ならば C^1 級であることが導けた．

系 5.2 領域 $\mathcal{D}$ で定義された 2 変数函数 f に対し，次の 2 条件は互いに同値である．

(1) f は C^2 級，すなわち 2 回偏微分可能であり，すべての 2 階偏導函数は連続．
(2) f は 2 回偏微分可能であり，すべての 1 階偏導函数，2 階偏導函数は連続．

C^2 級函数に関する「変数分離の原理」を紹介しておこう．

定理 5.3 (変数分離の原理) C^2 級函数 $u : \mathbb{R}^2 \to \mathbb{R}$ が $u_{xy} = 0$ をみたすならば $\mathbb{R}$ 上の C^2 級函数 f と g で

$$u(x, y) = f(x) + g(y)$$

をみたすものが存在する．

【証明】 まず

$$\frac{\partial}{\partial y}\left(\frac{\partial u}{\partial x}\right) = 0$$

であるから u_x は y に依存しない．すなわち x だけの函数である．これを $F(x)$ と表す．$F(x) = u_x(x)$ は連続函数なので，$a \in \mathbb{R}$ を採り，不定積分

$$f(x) = \int_a^x F(t)\,dt$$

を考えることができる．すると

$$\frac{\partial}{\partial x}(u(x,y) - f(x)) = u_x(x,y) - \frac{df}{dx}(x) = F(x) - F(x) = 0$$

であるから $u(x,y) - f(x)$ は y のみの函数である．そこで $g(y) = u(x,y) - f(x)$ とおけばよい． ∎

5.2 ダランベールの公式

「変数分離の原理」の応用を紹介しよう．

1 次元の**波動方程式**（wave equation）とは 2 変数函数 $u(x,t)$ に関する方程式（偏微分方程式）

$$\frac{\partial^2 u}{\partial t^2} = c^2 \frac{\partial^2 u}{\partial x^2}$$

である．t は時間変数，x は位置変数，$c > 0$ は定数である．

ここで独立変数を x と t から $\xi = x + ct$, $\eta = x - ct$ に変更する．(ξ, η) は**特性座標系**（characteristic coordinates）とよばれる．

$$x = \frac{\xi + \eta}{2}, \quad t = \frac{\xi - \eta}{2c}$$

と逆に解けることに注意しよう．そこで $\xi\eta$ 平面から xt 平面への写像 Φ: $\mathbb{R}^2(\xi, \eta) \to \mathbb{R}^2(x, t)$ を

$$\Phi(\xi, \eta) = \left(\frac{\xi + \eta}{2}, \frac{\xi - \eta}{2c}\right)$$

で定める．Φ を用いて合成函数 $u \circ \Phi$ を作る．$(u \circ \Phi)(\xi, \eta)$ は具体的に書くと

5.2. ダランベールの公式

$$u\left(x\left(\frac{\xi+\eta}{2},\frac{\xi-\eta}{2c}\right),y\left(\frac{\xi+\eta}{2},\frac{\xi-\eta}{2c}\right)\right)$$

であるが，煩雑なのでこれを $u(\xi,\eta)$ と**略記してしまう**．いささか乱暴な記法だが物理の本ではこのような**大胆な略記**をよく行うので慣れておいてほしい．

$$\frac{\partial u}{\partial x} = \frac{\partial u}{\partial \xi}\frac{\partial \xi}{\partial x} + \frac{\partial u}{\partial \eta}\frac{\partial \xi}{\partial x} = \frac{\partial u}{\partial \xi} + \frac{\partial u}{\partial \eta},$$

$$\frac{\partial u}{\partial t} = \frac{\partial u}{\partial \xi}\frac{\partial \xi}{\partial t} + \frac{\partial u}{\partial \eta}\frac{\partial \eta}{\partial t} = c\left(\frac{\partial u}{\partial \xi} - \frac{\partial u}{\partial \eta}\right)$$

であるから

$$\frac{\partial^2 u}{\partial x^2} = \frac{\partial^2 u}{\partial \xi^2} + 2\frac{\partial^2 u}{\partial \xi \partial \eta} + \frac{\partial^2 u}{\partial \eta^2},$$

$$\frac{\partial^2 u}{\partial t^2} = c^2\left(\frac{\partial^2 u}{\partial \xi^2} - 2\frac{\partial^2 u}{\partial \xi \partial \eta} + \frac{\partial^2 u}{\partial \eta^2}\right)$$

と計算されるので

$$c^2\frac{\partial^2 u}{\partial x^2} - \frac{\partial^2 u}{\partial t^2} = 4c^2\frac{\partial^2 u}{\partial \xi \partial \eta}.$$

波動方程式は $u_{\xi\eta}=0$ と書き直せる．したがって変数分離の原理から ξ のみに依存する函数 $f(\xi)$ と η のみに依存する函数 $g(\eta)$ を用いて $u(\xi,\eta)=f(\xi)+g(\eta)$ と表せる．もとの独立変数に戻せば

(5.1) $$u(x,t) = f(x+ct) + g(x-ct)$$

と表せる．$f(x+ct)$, $g(x-ct)$ も波動方程式をみたしている．$f(x+ct)$, $g(x-ct)$ はそれぞれ波動方程式の**左進行波解**，**右進行波解**とよばれる．

式 (5.1) を**ダランベールの公式** (d'Alembert formula) とよぶ．波動方程式については次のような問題を考察することが基本的である．

───波動方程式の初期値問題（コーシー問題）───

$$-u_{tt}(x,t) + c^2 u_{xx}(x,t) = 0, \quad 0 < t < +\infty, \ x \in \mathbb{R},$$
$$u(x,0) = \varphi(x) \text{ は } \mathbb{R} \text{ 上で } C^2 \text{級},$$
$$u_t(x,0) = \psi(x) \text{ は } \mathbb{R} \text{ 上で } C^1 \text{級}$$

定理 5.4 (ストークスの波動公式) 波動方程式の初期値問題の解は次で与えられる．

(5.2) $$u(x,t) = \frac{1}{2}\left\{\varphi(x-ct) + \varphi(x+ct) + \frac{1}{c}\int_{x-ct}^{x+ct}\psi(s)\mathrm{d}s\right\}.$$

【証明】 $u(x,t) = f(x+ct) + g(x-ct)$ と表示すると

$$\varphi(x) = u(x,0) = f(x) + g(x)$$

を得る．次に

$$\frac{\partial u}{\partial t} = c\left(\frac{\partial u}{\partial \xi} - \frac{\partial u}{\partial \eta}\right) = c\left(\frac{\mathrm{d}f}{\mathrm{d}\xi} - \frac{\mathrm{d}g}{\mathrm{d}\eta}\right),$$

つまり

$$\frac{\partial u}{\partial t}(x,t) = c\left(\frac{\mathrm{d}f}{\mathrm{d}\xi}(x+ct) - \frac{\mathrm{d}g}{\mathrm{d}\eta}(x-ct)\right)$$

から

$$\psi(x) = \frac{\partial u}{\partial t}(x,0) = c\left(\frac{\mathrm{d}f}{\mathrm{d}x}(x) - \frac{\mathrm{d}g}{\mathrm{d}x}(x)\right)$$

を得る．

$$\int_0^x \psi(s)\,\mathrm{d}s = c\int_0^x \left(\frac{\mathrm{d}f}{\mathrm{d}s}(s) - \frac{\mathrm{d}g}{\mathrm{d}s}(s)\right)\mathrm{d}s = c\Big[f(s) - g(s)\Big]_0^x$$
$$= c\left(f(x) - g(x) - f(0) + g(0)\right).$$

を得る．したがって

$$2f(x) = \varphi(x) + \frac{1}{c}\int_0^x \psi(s)\,\mathrm{d}s - (f(0) - g(0)),$$
$$2g(x) = \varphi(x) - \frac{1}{c}\int_0^x \psi(s)\,\mathrm{d}s + (f(0) - g(0)).$$

以上より

$$\begin{aligned}
u(x,t) =& f(x+ct) + g(x-ct) \\
=& \frac{1}{2}\left\{\varphi(x+ct) + \frac{1}{c}\int_0^{x+ct}\psi(s)\,\mathrm{d}s\right\} - \frac{1}{2}(f(0)-g(0)) \\
&+ \frac{1}{2}\left\{\varphi(x-ct) - \frac{1}{c}\int_0^{x-ct}\psi(s)\,\mathrm{d}s\right\} + \frac{1}{2}(f(0)-g(0)) \\
=& \frac{1}{2}\left\{\varphi(x-ct) + \varphi(x+ct) + \frac{1}{c}\int_{x-ct}^{x+ct}\psi(s)\mathrm{d}s\right\}.
\end{aligned}$$

■

表示式 (5.2) を**ストークスの波動公式**とよぶ（ダランベールの公式とよぶことも多い）．

5.3 積分可能条件

シュワルツの定理（定理 5.1）の効用を説明する．P, Q を $\mathbb{R}^2$ 全体で定義された C^1 級函数とする．連立偏微分方程式

(5.3) $$\frac{\partial f}{\partial x} = P, \quad \frac{\partial f}{\partial y} = Q$$

の C^2 級の解 $f : \mathbb{R}^2 \to \mathbb{R}$ が存在すれば $f_{yx} = f_{xy}$ より

$$Q_x = (f_y)_x = (f_x)_y = P_y$$

を得る．逆に P と Q が $Q_x = P_y$ をみたせば (5.3) の C^2 級の解 $f(x,y)$ が存在することが知られている．

定理 5.5 $\mathcal{D}$ は長方形閉領域

$$\mathcal{R} = \{(x,y) \in \mathbb{R}^2 \mid a \leq x \leq c,\ b \leq y \leq d\}$$

を含んでいると仮定する．$\mathcal{D}$ 上の C^1 級函数 $P(x,y)$ と $Q(x,y)$ が

(5.4) $$\frac{\partial Q}{\partial x} = \frac{\partial P}{\partial y}$$

をみたすならば $\mathcal{R}$ 上で定義された C^2 級函数 $f(x,y)$ で (5.3) をみたすものが存在する．

【証明】 $f_x = P$ となることから f は

$$f(x,y) = \int_a^x P(s,y)\mathrm{d}s + Y(y), \quad Y(y) \text{ は } y \text{ のみの函数}$$

と表せる．これを y で偏微分し (5.4) をつかうと

$$\begin{aligned}\frac{\partial f}{\partial y} &= \int_a^x \frac{\partial P}{\partial y}(s,y)\,\mathrm{d}s + \frac{\mathrm{d}Y}{\mathrm{d}y}(y) \\ &= \int_a^x \frac{\partial Q}{\partial s}(s,y)\,\mathrm{d}s + \frac{\mathrm{d}Y}{\mathrm{d}y} = Q(x,y) - Q(a,y) + \frac{\mathrm{d}Y}{\mathrm{d}y}.\end{aligned}$$

$f_y = Q$ なので $\frac{\mathrm{d}Y}{\mathrm{d}y} = Q(a,y)$ を得る．したがって

$$Y(y) = \int_b^y Q(a,t)\,\mathrm{d}t + Y_0, \quad Y_0 \text{ は定数}.$$

以上より

$$f(x,y) = \int_a^x P(s,y)\,\mathrm{d}s + \int_b^y Q(a,t)\,\mathrm{d}t + Y_0.$$

$(x,y) = (a,b)$ を代入すると $Y_0 = f(a,b)$ であることがわかる．したがって，$\{P,Q\}$ が (5.4) をみたせば $\mathcal{R}$ 上で定義された (5.3) の解をもつことが示された． ∎

5.3. 積分可能条件

いま $\mathcal{D}$ を長方形領域 $\mathcal{R}$ に限定して解 f の存在を証明したが, $\{P, Q\}$ の定義域に対する仮定は大切である（この点については，本書の続編『∇ を学ぶ』で解説する）．条件 $Q_x = P_y$ を (5.3) の**積分可能条件** (integrability condition) という．

註 5.1 (微分形式) 函数の組 $\{P(x,y), Q(x,y)\}$ に対し

$$\omega = P(x,y)\,\mathrm{d}x + Q(x,y)\,\mathrm{d}y$$

という式を考え 1 次**微分形式**とよぶ．

函数 $f(x,y)$ の全微分

$$\mathrm{d}f = \frac{\partial f}{\partial x}\,\mathrm{d}x + \frac{\partial f}{\partial y}\,\mathrm{d}y$$

は 1 次微分形式の典型例である．1 次微分形式は一般には函数の全微分ではない．(5.3) は $\omega = P(x,y)\,\mathrm{d}x + Q(x,y)\,\mathrm{d}y$ が函数 f の全微分になっているということを意味している．方程式 (5.3) は**全微分方程式**とよばれている．全微分方程式は (5.3) のように表すこともあるが

$$\mathrm{d}f = P\,\mathrm{d}x + Q\,\mathrm{d}y$$

と表すこともある．また全微分を使うことを避けた表示方法

$$P(x,y) + Q(x,y)\frac{\mathrm{d}y}{\mathrm{d}x} = 0$$

を用いることもある ([2, 7 章] を参照)．

物理から実例を挙げよう．

例 5.2 (マックスウェルの関係式) 熱力学独特の記法をまず説明しておこう．

> 函数 $f(x,y)$ において y を一定にして x を変化させたときの導函数を
>
> $$\left(\frac{\partial f}{\partial x}\right)_y$$
>
> と表す．

基本関係式

(5.5) $\quad\quad\quad\quad\quad\quad\quad dU = T\,dS - p\,dV,$
(5.6) $\quad\quad\quad\quad\quad\quad\quad dH = T\,dS + V\,dp,$
(5.7) $\quad\quad\quad\quad\quad\quad\quad dF = -S\,dT - p\,dV,$
(5.8) $\quad\quad\quad\quad\quad\quad\quad dG = -S\,dT + V\,dp.$

において T, U, p を S と V の 2 変数函数と考える．まず (5.5) と積分可能条件を比較して

$$-\left(\frac{\partial p}{\partial S}\right)_V = \left(\frac{\partial T}{\partial V}\right)_S$$

が得られる．(5.6) より

$$\left(\frac{\partial T}{\partial p}\right)_S = \left(\frac{\partial V}{\partial S}\right)_p.$$

(5.7) より

$$\left(\frac{\partial p}{\partial T}\right)_V = \left(\frac{\partial S}{\partial V}\right)_T.$$

最後に (5.8) より

$$-\left(\frac{\partial V}{\partial T}\right)_p = \left(\frac{\partial S}{\partial p}\right)_V.$$

これらの関係式において左辺の量の方が右辺の量よりも測定しやすいことが知られている．これらの 4 本の関係式を**マックスウェルの関係式**という．

例題 5.2 ギッブス-ヘルムホルツの関係式

$$\left[\frac{\partial}{\partial T}\left(\frac{G}{T}\right)\right]_p = -\frac{H}{T^2}$$

を証明せよ．

【解答】

$$\left[\frac{\partial}{\partial T}\left(\frac{G}{T}\right)\right]_p = \frac{1}{T^2}\left\{\left(\frac{\partial G}{\partial T}\right)_p T - G\left(\frac{\partial T}{\partial T}\right)_p\right\}$$
$$= \frac{1}{T}\left(\frac{\partial G}{\partial T}\right)_p - \frac{1}{T^2}G$$
$$= \frac{1}{T}(-S) - \frac{G}{T^2} = -\frac{1}{T^2}(TS + G)$$
$$= -\frac{1}{T^2}(TS + H - TS) = -\frac{H}{T^2}.$$

□

5.4 ラプラス作用素

物理における基本的な偏微分方程式のひとつにポアソン方程式がある．ϕ を x, y, z の 3 変数関数とする．ϕ に関する偏微分方程式

$$\phi_{xx} + \phi_{yy} + \phi_{zz} = -\frac{\rho}{\varepsilon_0}$$

を**ポアソン方程式**（Poisson equation）とよぶ．どのような場面にこのような方程式が出てくるのだろうか．一例を挙げる．3 次元空間内に電荷が与えられているとしよう．電荷の分布が 3 変数関数 $\rho(x, y, z)$ で与えられるとき，電荷の引きおこす静電場の電位を 3 変数関数 $\phi(x, y, z)$ で表すと ϕ は上に挙げたポアソン方程式をみたす．ε_0 は真空の誘電率とよばれる正の定数である．ポアソン方程式に限らず物理のあちこちに 2 階偏導関数で規定される偏微分方程式が登場する．ここで次の記法を定めておく．

定義 5.2 領域 $\mathcal{D}$ 上の 2 回偏微分可能な関数 $z = f(x, y)$ に対し

$$\Delta f = \frac{\partial^2 f}{\partial x^2} + \frac{\partial^2 f}{\partial y^2}$$

と定める．

2回偏微分可能な函数 f に対し Δf を対応させることで与えられた函数から新しい函数を得ることができる．

$$\boxed{f \longmapsto \Delta f}$$

Δ を f から Δf を作る**操作** (operation) と解釈しよう．そこで Δ を**ラプラス作用素** (Laplace operator, Laplacian) とよぶ．ラプラシアンとカタカナ表記することも多い．3 変数函数 $f(x, y, z)$ については

$$\Delta f = \frac{\partial^2 f}{\partial x^2} + \frac{\partial^2 f}{\partial y^2} + \frac{\partial^2 f}{\partial z^2}$$

と定める．

註 5.2 (微分演算子) 偏微分可能な函数 f に対し f_x を対応させる操作

$$\boxed{f \longmapsto f_x = \frac{\partial f}{\partial x}}$$

を x に関する偏微分作用素とか偏微分演算子とよび $\dfrac{\partial}{\partial x}$ で表す．作用素も演算子もどちらも operator の日本語訳である[*2]．すなわち

$$\boxed{\frac{\partial}{\partial x} : f \longmapsto \frac{\partial f}{\partial x}}$$

という演算子と考えるのである．偏微分演算子の繰り返しを考えることができる．

$$\left(\frac{\partial}{\partial x}\right)^2 f = \frac{\partial}{\partial x}\left(\frac{\partial}{\partial x} f\right) = \frac{\partial^2 f}{\partial x^2}.$$

この考え方を採用して Δ は

$$\Delta = \left(\frac{\partial}{\partial x}\right)^2 + \left(\frac{\partial}{\partial y}\right)^2$$

と表される．

$$\Delta = \frac{\partial^2}{\partial x^2} + \frac{\partial^2}{\partial y^2}$$

[*2] 数学の教科書では「作用素」を多くみかける．量子力学の教科書では「演算子」を多く見かける．数学の本で『演算子法』というタイトルのものもある．

という表記も用いる．演算子という考え方は，のちに量子力学を学ぶ際に活きてくる．

5.5 合成函数の微分法

合成函数 $z = f(x(t), y(t))$ の 2 階導函数を計算してみよう．

$$\begin{aligned}\frac{\mathrm{d}^2 z}{\mathrm{d}t^2} &= \frac{\mathrm{d}}{\mathrm{d}t}\left(\frac{\partial z}{\partial x}\frac{\mathrm{d}x}{\mathrm{d}t} + \frac{\partial z}{\partial y}\frac{\mathrm{d}y}{\mathrm{d}t}\right) \\ &= \frac{\mathrm{d}}{\mathrm{d}t}\left(\frac{\partial z}{\partial x}\right)\frac{\mathrm{d}x}{\mathrm{d}t} + \frac{\partial z}{\partial x}\frac{\mathrm{d}^2 x}{\mathrm{d}t^2} + \frac{\mathrm{d}}{\mathrm{d}t}\left(\frac{\partial z}{\partial y}\right)\frac{\mathrm{d}y}{\mathrm{d}t} + \frac{\partial z}{\partial y}\frac{\mathrm{d}^2 y}{\mathrm{d}t^2}.\end{aligned}$$

ここで

$$\begin{aligned}\frac{\mathrm{d}}{\mathrm{d}t}\left(\frac{\partial z}{\partial x}\right) &= \frac{\partial}{\partial x}\left(\frac{\partial z}{\partial x}\right)\frac{\mathrm{d}x}{\mathrm{d}t} + \frac{\partial}{\partial y}\left(\frac{\partial z}{\partial x}\right)\frac{\mathrm{d}y}{\mathrm{d}t} \\ &= \frac{\partial^2 z}{\partial x \partial x}\frac{\mathrm{d}x}{\mathrm{d}t} + \frac{\partial^2 z}{\partial y \partial x}\frac{\mathrm{d}y}{\mathrm{d}t}, \\ \frac{\mathrm{d}}{\mathrm{d}t}\left(\frac{\partial z}{\partial y}\right) &= \frac{\partial}{\partial x}\left(\frac{\partial z}{\partial y}\right)\frac{\mathrm{d}x}{\mathrm{d}t} + \frac{\partial}{\partial y}\left(\frac{\partial z}{\partial y}\right)\frac{\mathrm{d}y}{\mathrm{d}t} \\ &= \frac{\partial^2 z}{\partial x \partial y}\frac{\mathrm{d}x}{\mathrm{d}t} + \frac{\partial^2 z}{\partial y \partial y}\frac{\mathrm{d}y}{\mathrm{d}t}\end{aligned}$$

と計算されるので

$$\begin{aligned}\frac{\mathrm{d}^2 z}{\mathrm{d}t^2} =\ & \frac{\partial^2 z}{\partial x^2}\frac{\mathrm{d}x}{\mathrm{d}t}\frac{\mathrm{d}x}{\mathrm{d}t} + \frac{\partial^2 z}{\partial y \partial x}\frac{\mathrm{d}x}{\mathrm{d}t}\frac{\mathrm{d}y}{\mathrm{d}t} \\ & + \frac{\partial^2 z}{\partial x \partial y}\frac{\mathrm{d}y}{\mathrm{d}t}\frac{\mathrm{d}x}{\mathrm{d}t} + \frac{\partial^2 z}{\partial y^2}\frac{\mathrm{d}y}{\mathrm{d}t}\frac{\mathrm{d}y}{\mathrm{d}t} \\ & + \frac{\partial z}{\partial x}\frac{\mathrm{d}^2 x}{\mathrm{d}t^2} + \frac{\partial z}{\partial y}\frac{\mathrm{d}^2 y}{\mathrm{d}t^2}\end{aligned}$$

が得られる．これを使えば運動方程式の z 成分が計算できる．

とくに f が C^2 級であれば

$$\frac{d^2z}{dt^2} = \frac{\partial^2 z}{\partial x^2}\left(\frac{dx}{dt}\right)^2 + 2\frac{\partial^2 z}{\partial x \partial y}\frac{dx}{dt}\frac{dy}{dt} + \frac{\partial^2 z}{\partial y^2}\left(\frac{dy}{dt}\frac{dy}{dt}\right)^2$$
$$+ \frac{\partial z}{\partial x}\frac{d^2 x}{dt^2} + \frac{\partial z}{\partial y}\frac{d^2 y}{dt^2}$$

と整理される.

$$\boxed{\ddot{z} = z_{xx}\dot{x}^2 + 2z_{xy}\dot{x}\dot{y} + z_{yy}\dot{y}^2 + z_x\ddot{x} + z_y\ddot{y}}$$

5.6 極座標への変換

ラプラシアンを極座標を使って表してみよう.まずは一般的な状況から話を始める.uv 平面内の領域 $\mathcal{D}'$ から xy 平面内の領域 $\mathcal{D}$ への C^2 級写像 $\Phi = (\phi, \psi) : \mathcal{D}' \to \mathcal{D}$ によって

$$x = \phi(u,v), \quad y = \psi(u,v)$$

が与えられているとする.$\mathcal{D}$ 上の 2 回偏微分可能な函数 $z = f(x,y)$ に対し合成函数 $z = f(\phi(u,v), \psi(u,v))$ の u に関する 2 階導函数は次のように計算できる.

$$\begin{aligned}
\frac{\partial^2 z}{\partial u^2} &= \frac{\partial}{\partial u}\left(\frac{\partial z}{\partial x}\frac{\partial x}{\partial u} + \frac{\partial z}{\partial y}\frac{\partial y}{\partial u}\right) \\
&= \frac{\partial}{\partial u}\left(\frac{\partial z}{\partial x}\right)\frac{\partial x}{\partial u} + \frac{\partial z}{\partial x}\frac{\partial^2 x}{\partial u^2} + \frac{\partial}{\partial u}\left(\frac{\partial z}{\partial y}\right)\frac{\partial y}{\partial u} + \frac{\partial z}{\partial y}\frac{\partial^2 y}{\partial u^2} \\
&= \left(\frac{\partial^2 z}{\partial x^2}\frac{\partial x}{\partial u} + \frac{\partial^2 z}{\partial y \partial x}\frac{\partial y}{\partial u}\right)\frac{\partial x}{\partial u} + \frac{\partial z}{\partial x}\frac{\partial^2 x}{\partial u^2} \\
&\quad + \left(\frac{\partial^2 z}{\partial x \partial y}\frac{\partial x}{\partial u} + \frac{\partial^2 z}{\partial y^2}\frac{\partial y}{\partial u}\right)\frac{\partial y}{\partial u} + \frac{\partial z}{\partial y}\frac{\partial^2 y}{\partial u^2}.
\end{aligned}$$

とくに f が C^2 級なら

(5.9) $\quad z_{uu} = z_{xx}(x_u)^2 + 2z_{xy}x_u y_u + z_{yy}(y_u)^2 + z_x x_{uu} + z_y y_{uu}$

と整理できる.

5.6. 極座標への変換

問題 5.1 $z = f(x,y)$ が C^2 級のときに z_{uv}, z_{vv} を計算せよ.

命題 5.1 (ラプラシアンの極座標表示) z が (x,y) の C^2 級函数ならば

(5.10) $$\frac{\partial^2 z}{\partial x^2} + \frac{\partial^2 z}{\partial y^2} = \frac{\partial^2 z}{\partial r^2} + \frac{1}{r}\frac{\partial z}{\partial r} + \frac{1}{r^2}\frac{\partial^2 z}{\partial \theta^2}.$$

この結果を

$$\Delta = \frac{\partial^2}{\partial r^2} + \frac{1}{r}\frac{\partial}{\partial r} + \frac{1}{r^2}\frac{\partial^2}{\partial \theta^2}$$

とも表す.

【証明】 式 (5.9) を使って z_{rr} が求められる. 計算に慣れてもらうため, くどいが丹念に計算しておこう.

$$\frac{\partial z}{\partial r} = \frac{\partial z}{\partial x}\frac{\partial x}{\partial r} + \frac{\partial z}{\partial y}\frac{\partial y}{\partial r} \quad \text{より}$$

$$\frac{\partial^2 z}{\partial r^2} = \left(\frac{\partial^2 z}{\partial x^2}\frac{\partial x}{\partial r} + \frac{\partial^2 z}{\partial y \partial x}\frac{\partial y}{\partial r}\right)\frac{\partial x}{\partial r} + \frac{\partial z}{\partial x}\frac{\partial^2 x}{\partial r^2}$$
$$+ \left(\frac{\partial^2 z}{\partial x \partial y}\frac{\partial x}{\partial r} + \frac{\partial^2 z}{\partial y^2}\frac{\partial y}{\partial r}\right)\frac{\partial y}{\partial r} + \frac{\partial z}{\partial y}\frac{\partial^2 y}{\partial r^2}$$

$$= z_{xx}(x_r)^2 + 2z_{xy}x_r y_r + z_{yy}(y_r)^2 + z_x x_{rr} + z_y y_{rr}.$$

この結果を (5.9) で $(u,v) = (r,\theta)$ で選んだものと比較してほしい.

同様の計算で

$$z_{\theta\theta} = z_{xx}(x_\theta)^2 + 2z_{xy}x_\theta y_\theta + z_{yy}(y_\theta)^2 + z_x x_{\theta\theta} + z_y y_{\theta\theta}$$

を得る (確かめよ). ここで

$$x_r = (r\cos\theta)_r = \cos\theta, \; x_{rr} = 0,$$
$$y_r = (r\sin\theta)_r = \sin\theta, \; y_{rr} = 0,$$
$$x_\theta = (r\cos\theta)_\theta = -r\sin\theta, \; x_{\theta\theta} = -r\cos\theta,$$
$$y_\theta = (r\sin\theta)_\theta = r\cos\theta, \; x_{\theta\theta} = -r\sin\theta$$

であるから

$$z_r = \cos\theta\, z_x + \sin\theta\, z_y,$$
$$z_{rr} = z_{xx}\cos^2\theta - 2z_{xy}r^2\sin\theta\cos\theta + z_{yy}\sin^2\theta,$$
$$z_{\theta\theta} = r^2\left\{z_{xx}\sin^2\theta - 2z_{xy}\sin\theta\cos\theta + z_{yy}\cos^2\theta\right\} - r\cos\theta z_x - r\sin\theta z_y.$$

これらを眺めると $z_{rr} + z_{\theta\theta}/r^2$ を計算すると簡単になりそうな気がするので実行してみよう．

$$z_{rr} + \frac{1}{r^2}z_{\theta\theta} = z_{xx} + z_{yy} - \frac{1}{r}(\cos\theta z_x + \sin\theta z_y)$$
$$= z_{xx} + z_{yy} - \frac{1}{r}z_r.$$

これを書き換えると証明したい式になる． ■

註 5.3 (覚える必要があるの？) 合成関数の偏微分公式 (5.9) を暗記して z_{rr} や $z_{\theta\theta}$ を計算することもできるが，暗記はあまり賢くない．実際，(5.9) を暗記して試験に臨んでも $z_x x_{uu} + z_y y_{uu}$ の項を忘れてしまう人が多い．結局のところ，丹念に計算するのが良い．そこで命題 5.1 の証明では（読者がくどいと感じることを承知の上で）改めて計算したのである．

ラプラシアンの極座標表示の応用を挙げておこう．

例 5.3 (ヘルムホルツ方程式) 電磁気学などに登場するヘルムホルツ方程式を紹介する[*3]．ここでは x, y の 2 変数にのみ依存する場合を考察する．$k > 0$ とし，x と y の 2 変数関数 $u(x, y)$ に関する微分方程式

$$\frac{\partial^2 u}{\partial x^2} + \frac{\partial^2 u}{\partial y^2} + k^2 u = 0.$$

を**ヘルムホルツ方程式**とよぶ[*4]．この微分方程式の解を求めたい．そこで**変数分離**という条件を課してみる．平面極座標 (r, θ) に書き換えたときに

[*3] Hermann Ludwig Ferdinand von Helmholtz, 1821–1894.
[*4] 函数解析的な見方をすると，この方程式は微分作用素（演算子）Δ に関する固有値問題である．u は $-k^2$ を固有値とする Δ の固有関数である．

5.6. 極座標への変換

$u(x,y) = \varphi(r)\psi(\theta)$ という形をしていると仮定する[*5]. 式 (5.10) を用いて計算するとヘルムホルツ方程式は

$$\frac{\mathrm{d}^2\varphi}{\mathrm{d}r^2}\psi + \frac{1}{r}\frac{\mathrm{d}\psi}{\mathrm{d}\theta} + \frac{\varphi}{r^2}\frac{\mathrm{d}^2\psi}{\mathrm{d}\theta^2} + k^2\varphi\psi = 0$$

となる. これを

$$\frac{r^2}{\varphi}\frac{\mathrm{d}^2\varphi}{\mathrm{d}r^2} + \frac{r}{\varphi}\frac{\mathrm{d}\varphi}{\mathrm{d}r} + k^2r^2 = -\frac{1}{\psi}\frac{\mathrm{d}\psi}{\mathrm{d}\theta}.$$

この式の左辺は r のみに依存するが, 右辺は θ のみに依存している. ということは「左辺 = 右辺 = 定数」しかない. そこで「右辺 = c」とおいてみる.

$$\frac{\mathrm{d}^2\psi}{\mathrm{d}\theta^2}(\theta) = -c\psi(\theta)$$

において $\psi(\theta)$ は周期関数であること ($\psi(\theta+2\pi) = \psi(\theta)$) に注意すると $c > 0$ でなければいけない[*6]. そこで $c = \nu^2 > 0$ とおくと $\varphi(r)$ に関する微分方程式

(5.11) $$r^2\frac{\mathrm{d}^2\varphi}{\mathrm{d}r^2} + r\frac{\mathrm{d}\varphi}{\mathrm{d}r} + (k^2r^2 - \nu^2)\varphi = 0$$

が得られる. $t = kr$, $y(t) = \varphi(r) = \varphi(t/k)$ とおくと

$$t\frac{\mathrm{d}^2y}{\mathrm{d}t^2} + t\frac{\mathrm{d}y}{\mathrm{d}t} + (t^2 - \nu^2)y = 0$$

が導かれた. この微分方程式は**ベッセルの微分方程式**とよばれる[*7]. ベッセルの微分方程式とその解については [4, §6.7] を参照.

例 5.4 (2 次元波動方程式) 3 次元数空間内で(理想的な)膜の運動を考える. たとえば太鼓のように膜が一様な張力で xy 平面に張られているような場合で

[*5] 「ansatz をおく」と言い表す.
[*6] この微分方程式の解が周期関数となるのは $c > 0$ のときのみで $\psi(\theta) = a\cos(\nu\theta) + b\sin(\nu\theta)$ と与えられる. [4, 第 4 章] を参照.
[*7] Friedrich Wilhelm Bessel, 1784–1846. ベッセル方程式の解であるベッセル函数は惑星の運動をケプラー方程式を用いて解析する際に近日点との離角を時刻の函数として表示するためにベッセルにより導入された.

ある．z 方向の変位は x, y と時間の関数であるので $z = u(x, y, t)$ と表される．膜の運動方程式は 2 次元波動方程式

$$-\frac{1}{c^2}\frac{\partial^2 u}{\partial t^2} = \frac{\partial^2 u}{\partial x^2} + \frac{\partial^2 u}{\partial y^2}.$$

で与えられる．$c > 0$ は定数である．以下，記述の簡略のため $c = 1$ とする．$u(r, \theta, t) = \varphi(r)\psi(\theta)\tau(t)$ と変数分離を仮定しよう．式 (5.10) を用いて計算すると

$$\frac{1}{\tau}\frac{d^2\tau}{dt^2} = \frac{1}{\varphi}\frac{d^2\varphi}{dr^2} + \frac{1}{r}\frac{1}{\varphi}\frac{d\varphi}{dr} + \frac{1}{r^2}\frac{1}{\psi}\frac{d^2\psi}{d\theta^2}.$$

左辺は t のみの関数であるが，右辺は t に依存しない．したがって「左辺 = 右辺 = 定数」である．この定数を $-k^2 < 0$ とおくと

$$\frac{1}{\psi}\frac{d^2\psi}{d\theta^2} = -r^2\left(k^2 + \frac{1}{\varphi}\frac{d^2\varphi}{dr^2} + \frac{1}{r}\frac{d\varphi}{dr}\right)$$

より，この式でも「左辺 = 右辺 = 定数」である．この定数を $-\nu^2$ とおくと (5.11) を得る．ヘルムホルツ方程式のときと同様にベッセル方程式に帰着する．

5.7 滑らかな関数

この章では 2 階偏導関数を扱ってきた．次章に備えて 3 回以上偏微分可能な関数についてここで考えておこう．

f が 3 回偏微分可能であり，3 階偏導関数が <u>すべて連続</u> という場合を調べる．すなわち

f_{xx} の偏導関数	$f_{xxx} = (f_{xx})_x$ と $f_{xxy} = (f_{xx})_y$ が連続
f_{xy} の偏導関数	$f_{xyx} = (f_{xy})_x$ と $f_{xyy} = (f_{xy})_y$ が連続
f_{yx} の偏導関数	$f_{yxx} = (f_{yx})_x$ と $f_{yxy} = (f_{yx})_y$ が連続
f_{yy} の偏導関数	$f_{yyx} = (f_{yy})_x$ と $f_{yyy} = (f_{yy})_y$ が連続

5.7. 滑らかな函数

であると仮定する．この条件をみたすとき f は $\mathcal{D}$ 上で C^3 級であると定める．
f が $\mathcal{D}$ 上で C^3 級であるとは

$$f_{xx},\ f_{xy},\ f_{yx},\ f_{yy}\ \text{がすべて}\ C^1 \text{級}$$

ということである．すると，定理 3.1 と定理 3.2 より f_{xx}, f_{xy}, f_{yx} および f_{yy} がすべて連続である．したがって f は C^2 級である．ゆえに f の 1 階偏導関数，2 階の偏導函数，3 階の偏導函数はすべて連続であり，$f_{xy} = f_{yx}$ をみたす．したがって

$$f_{xyx} = (f_{xy})_x = (f_{yx})_x = f_{yxx},\quad f_* = f_*$$

が成り立つ

先ほどの表の上半分を次のように書き換えられることに注意しよう．

| f_x の 2 階偏導函数 | $f_{xxx} = (f_x)_{xx}$ と $f_{xxy} = (f_x)_{xy}$ が連続 |
| f_y の 2 階偏導函数 | $f_{xyx} = (f_x)_{yx}$ と $f_{xyy} = (f_x)_{yy}$ が連続 |

$f_{xxy} = (f_x)_{xy}$ と $f_{xyx} = (f_x)_{yx}$ がともに連続だからこの 2 つは一致する（シュワルツの定理）．したがって $f_{xxy} = f_{xyx}$．すでに知っている $f_{xyx} = f_{yxx}$ とあわせて

$$f_{xxy} = f_{xyx} = f_{yxx}$$

が得られた．同様に表の下半分から $f_{yxy} = f_{yyx}$ を得るので

$$f_{yxx} = f_{yxy} = f_{yyx}$$

が示された．以上より f の 3 階導函数は偏微分を行う順序による違いはないことがわかった．したがって $f_{xxy} = f_{xyx} = f_{yxx}$ は x で 2 回，y で 1 回偏微分するという**回数だけで決定される**ので

$$\frac{\partial^3 f}{\partial x^2 \partial y} = \frac{\partial^3 f}{\partial y \partial x^2}$$

と書いてしまってよい．同様に $f_{xyy} = f_{yxy} = f_{yyx}$ を

$$\frac{\partial^3 f}{\partial y^2 \partial x} = \frac{\partial^3 f}{\partial x \partial y^2}$$

と書いてしまってよい．以上を整理しよう．

定理 5.6 領域 $\mathcal{D}$ で定義された 2 変数函数 f に対し，次の 2 条件は互いに同値である．

(1) f は 3 回偏微分可能であり，3 階までのすべての偏導函数は連続．
(2) f は C^3 級．

このとき f の 3 階偏導函数は偏微分の順序には依らず

$$\frac{\partial^3 f}{\partial x^i \partial y^j} = \frac{\partial^3 f}{\partial y^j \partial x^i}, \quad 0 \leqq i, j \leqq 3, \quad i + j = 3$$

と表される．

この定理の証明を振り返れば 4 階以上の偏導函数についても同様の事実が導けることに気づくはず．そこで次の定義を与えよう．

定義 5.3 $n \geqq 1$ を自然数とする．領域 $\mathcal{D}$ で定義された 2 変数函数 f が n 回偏微分可能であり，n 階の偏導函数がすべて $\mathcal{D}$ 上で連続のとき，f は $\mathcal{D}$ 上で C^n 級であるという．便宜上，連続函数は C^0 級函数であると定めておく．

この定義の下，次が成り立つ．

定理 5.7 $n \geqq 1$ を自然数とする．領域 $\mathcal{D}$ で定義された 2 変数函数 f に対し，次の 2 条件は互いに同値である．

(1) f は n 回偏微分可能であり，n 階までのすべての偏導函数は連続．
(2) f は C^n 級．

このとき f の n 階偏導函数は偏微分の順序には依らず

$$\frac{\partial^n f}{\partial x^i \partial y^j} = \frac{\partial^n f}{\partial y^j \partial x^i}, \quad 0 \leqq i, j \leqq n, \quad i + j = n$$

5.7. 滑らかな函数

と表される．

何回でも偏微分できる函数を扱うときのために次の定義をしておこう．

定義 5.4 領域 $\mathcal{D}$ で定義された 2 変数函数 f がすべての自然数 n について $\mathcal{D}$ 上で C^n 級であるとき，f は $\mathcal{D}$ 上で C^∞ 級函数であるという．f が C^∞ 級であることを f は**滑らか**（smooth）であるとも言い表す．

註 5.4 文献によっては「滑らか」をもっと弱い意味で使っていることがあるので注意（たとえば C^1 級）．

集合論について学んだことのある読者向けの注意をしておこう．領域 $\mathcal{D}$ 上の C^n 級函数全体を $C^n(\mathcal{D})$ で表すと C^∞ 級函数の全体 $C^\infty(\mathcal{D})$ は

$$C^\infty(\mathcal{D}) = \bigcap_{n=0}^{\infty} C^n(\mathcal{D})$$

で与えられ

$$C^0(\mathcal{D}) \supset C^1(\mathcal{D}) \supset C^2(\mathcal{D}) \supset \cdots \supset C^\infty(\mathcal{D})$$

が成り立つ．

C^n 級函数について次の事実が成り立つことを確かめておいてほしい．

定理 5.8 $n \geq 0$ を整数とする．$C^n(\mathcal{D})$ は次をみたす．$f, g \in C^n(\mathcal{D})$ に対し

(1) $a, b \in \mathbb{R}$ ならば $af + bg \in C^n(\mathcal{D})$．
(2) $fg \in C^n(\mathcal{D})$．
(3) $\mathcal{D}$ 上で $g \neq 0$ であれば $f/g \in C^n(\mathcal{D})$．

$af + bg, fg, f/g$ の意味については附録 A.2 節を参照してほしい（p. 39 にすでに登場している）．この定理は $C^\infty(\mathcal{D})$ についても成り立つ．

註 5.5（やや専門的な注意） 定数 c に対し，つねに c という値をとる函数（定数函数）を同じ記号 c で表すことにしよう．すると実数全体 $\mathbb{R}$ は $C^n(\mathcal{D})$ の部分集合とみなせる．とくに $1 \in \mathbb{R} \subset C^n(\mathcal{D})$ および $0 \in \mathbb{R} \subset C^n(\mathcal{D})$ は

$$f + 0 = 0 + f, \quad 1f = f$$

をみたす．このことから $C^n(\mathcal{D})$ および $C^\infty(\mathcal{D})$ は実線型空間（実ベクトル空間）をなすことがわかる．さらに函数の加法 $(f+g)$ と乗法 (fg) について $C^n(\mathcal{D})$ および $C^\infty(\mathcal{D})$ は可換環をなす．

《章末問題》

章末問題 5.1 章末問題 3.1 で扱った以下の 2 変数函数について 2 階の偏導函数を求めよ．
  (1) $f(x,y) = xy(x^3 - y^3)$．
  (2) $f(x,y) = \sqrt{x - 2y}$．
  (3) $f(x,y) = \sin(x-y) + \cos(xy)$．
  (4) $f(x,y) = x^y \ (x > 0)$．

章末問題 5.2 $\mathbb{R}^2$ 上の函数

$$f(x,y) = \begin{cases} \frac{xy(x^2-y^2)}{x^2+y^2}, & (x,y) \neq (0,0) \\ 0, & (x,y) = (0,0) \end{cases}$$

について 1 階，2 階の偏導函数を求めよ．さらに $f_{xy} = f_{yx}$ が成り立つかどうか調べよ．

章末問題 5.3 $\Delta f = 0$ をみたす C^2 級函数 f を**調和函数** (harmonic function) とよぶ．調和函数を求める方程式（偏微分方程式）$\Delta f = 0$ は**ラプラス方程式** (Laplace equation) とよばれる．次の函数が調和かどうか調べよ．
  (1) $p_2(x,y) = ax^2 + 2hxy + by^2 \ (a^2 + h^2 + b^2 \neq 0)$．
  (2) $p_3(x,y) = ax^3 + 3hx^2y + 3kxy^2 + by^3 \ (a^2 + h^2 + k^2 + b^2 \neq 0)$．

章末問題 5.4 次の函数が調和かどうか調べよ．
  (1) $f(x,y) = \log(x^2 + y^2) \ (x^2 + y^2 > 0)$．
  (2) $f(x,y) = \tan^{-1}(y/x) \ (x > 0, y > 0)$．
  (3) $f(x,y) = e^{ax}\sin(by) \ (a, b \text{ は定数})$．

章末問題 5.5 領域 $\mathcal{D}$ 上 2 つの C^2 級函数 $u(x,y)$ と $v(x,y)$ が

(5.12) $$u_x = v_y, \ u_y = -v_x$$

をみたすならば，u も v も調和函数であることを示せ．(5.12) を**コーシー-リーマン方程式**とよぶ．また u と v は互いに共軛（きょうやく）な調和函数であるという．

章末問題 5.6 数平面 $\mathcal{R}$ 上で定義された次の函数が調和函数であることを確かめ，共軛な調和函数を求めよ．
 (1) $u(x,y) = x^2 - y^2$.
 (2) $u(x,y) = e^x \cos y$.

章末問題 5.7 調和函数 $z = f(x,y)$ を極座標で書き換えたとき，r だけの函数 $f(r)$ であるという．f を求めよ．

【コラム】 **（演算子の因数分解）** 波動方程式 $u_{tt} = c^2 u_{xx}$ に対し波動作用素（ダランベール作用素）$\Box$ を

$$\Box = -\frac{\partial^2}{\partial t^2} + c^2 \frac{\partial^2}{\partial x^2}$$

で定める．この微分作用素（演算子）は

$$\Box = (-\partial_t + c\partial_x) \circ (\partial_t + c\partial_x) = (\partial_t + c\partial_x) \circ (-\partial_t + c\partial_x)$$

と因数分解できる．ゆえに

(5.13) $$(-\partial_t + c\partial_x)f = 0,$$

(5.14) $$(\partial_t + c\partial_x)g = 0$$

という1階偏微分方程式の解 g, f が2階偏微分方程式 $\Box u = 0$ の解を与えることがわかる．(5.13) の解は左進行波 $f(x+ct)$，(5.14) の解は右進行波 $g(x-ct)$ である．

同様のことをラプラス方程式 $\Delta u = 0$ について考えてみよう．

$$\Delta = \frac{\partial^2}{\partial x^2} + \frac{\partial^2}{\partial y^2}$$

に対して $\Box$ のような因数分解はできないが複素数に数を拡大してみると次のような因数分解ができる．$z = x + yi$（i は虚数単位）とし

$$\frac{\partial}{\partial z} = \frac{1}{2}\left(\frac{\partial}{\partial x} - i\frac{\partial}{\partial y}\right), \quad \frac{\partial}{\partial \bar{z}} = \frac{1}{2}\left(\frac{\partial}{\partial x} + i\frac{\partial}{\partial y}\right)$$

とおくと

$$\Delta = 4\frac{\partial}{\partial z} \circ \frac{\partial}{\partial \bar{z}} = 4\frac{\partial}{\partial \bar{z}} \circ \frac{\partial}{\partial z}.$$

このことから z だけに依存する複素数値の函数 $f(z)$（つまり複素正則函数）と $\bar{z}$ だけに依存する複素数値の函数 $g(\bar{z})$ を用いて $u(x,y) = f(z) + g(\bar{z})$ と表せる．u が実数値なので実は $u(x,y) = f(z) + \overline{f(z)}$ である．調和函数はこのように複素正則函数と密接に関連する．

一方，物理学者ディラック（Paul Adrien Maurice Dirac, 1902-1984）は Δ の平方根に相当する作用素（ディラック作用素）を考案した．ディラック作用素はスピノル場，スピン幾何と密接に関わる．

6 テイラーの定理

　高等学校で微分積分を学んでから大学に入学すると，最初のうちは一度学んだことの「学び直し」なのでなんとなく余裕を感じてしまう．ところが，テイラーの定理を学ぶ時期になると急に「微積分が難しくなった」という声があがる．1変数函数の微分学ではテイラーの定理はとても重要だった．2変数函数でも「テイラーの定理」に相当する定理を用意しておかねばならない．どうやって「テイラーの定理」の2変数版を考えたらよいだろうか．基本方針は

> **基本方針**
> 1変数函数の微分法で学んだことをうまく活用して2変数函数に役立てる

である．未知のことに巡りあったとき，**既知のことにうまく結びつけることができるか**どうか．学んだことが本当に定着しているかどうかはこのような場面でわかってしまう．

　この章では1変数函数のときのテイラーの定理を活用して2変数函数を調べる．以前に学んだ合成函数の微分法（連鎖律）が活躍するので，苦手意識のある読者は必要に応じて合成函数の微分法を読み返してほしい．

6.1　1変数函数のとき

　まず1変数函数のときの「テイラーの定理」を復習しよう．
　区間 I で定義された微分可能な函数 $y = f(x)$ のグラフを C とする．

$$C = \{(x, f(x)) \mid x \in I\}.$$

C 上の点 $A(a, f(a))$ における接線 ℓ は

$$y = f'(a)(x - a) + f(a)$$

で与えられる．A の近くでは ℓ と C は**区別できないくらい近い**から，$a \in I$ の

近くの点 $b \in I$ での f の値 $f(b)$ は

(6.1) $$f(b) \fallingdotseq f(a) + f'(a)(b-a)$$

と近似できる．この近似式を**等式**に書き換えたものが平均値の定理である．

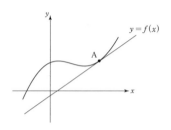

図 6.1　接線近似

定理 6.1 (平均値の定理) $y = f(x)$ は $[a,b]$ で連続，(a,b) で微分可能ならば

$$\frac{f(b)-f(a)}{b-a} = f'(c)$$

をみたす $c \in (a,b)$ が存在する．

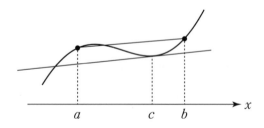

図 6.2　平均値の定理

この定理は 2 点 $\mathrm{A}(a, f(a))$ と $\mathrm{B}(b, f(b))$ を結ぶ線分と平行な接線が引ける点 $(c, f(c))$ が存在するということを意味している．c は a と b の間のどこか，ということまでしか一般には導けない．c は a と b を両端とする線分の内分

点であるから $\theta = (c-a)/(b-a)$ とおいてみよう（a から b に向かう線分を $\theta : 1-\theta$ に内分する点が c）．$0 < \theta < 1$ であり

$$f(b) = f(a) + f'(a + \theta(b-a))$$

と書き換えられる．接線を使った近似式 (6.1) を等式に書き換えたものになっていることに注意してほしい．

平均値の定理からわかることは，a と b が近いときに $f(b)$ の値を $f(a)$ で代用したときの**誤差**が $f'(a+\theta(b-a))$ であるということ．つまり誤差を導函数 f' を使って計算できるということである．

近似式 (6.1) を等式に書き換えることはできたが，「接線近似の誤差」を与えた式にはなっていない（$f(b)$ を $f(a)$ で代用したときの誤差を与える式）．

グラフ $y = f(x)$ を $x = a$ における接線 $y = f(a) + f'(a)(x-a)$ で近似したときの誤差

$$f(b) - f(a) - f'(a)(b-a)$$

はどのように求められるだろうか．

$y = f(x)$ が (a, b) で **2 回微分可能**なら次のように計算できる．

定理 6.2 $y = f(x)$ は $[a, b]$ で連続，(a, b) で 2 回微分可能ならば

$$f(b) = f(a) + f'(a)(b-a) + \frac{1}{2}f''(a + \theta(b-a))(b-a)^2$$

をみたす $\theta \in (0, 1)$ が存在する．

$y = f(x)$ が (a, b) で n 回微分可能の場合は次の定理が得られる．

定理 6.3 (テイラーの定理) $y = f(x)$ は $[a, b]$ で連続，(a, b) で n 回微分可能であれば

$$\begin{aligned} f(b) =\ & f(a) + f'(a)(b-a) + \frac{f''(a)}{2}(b-a)^2 \\ & + \cdots + \frac{f^{(n-1)}(a)}{(n-1)!}(b-a)^{n-1} + R_n(b), \\ R_n(b) =\ & \frac{1}{n!}f^{(n)}(a+\theta(b-a))(b-a)^n \end{aligned}$$

をみたす $\theta \in (0,1)$ が存在する.

とくに $f(x)$ が (a,b) で C^∞ 級であり

$$\lim_{n \to \infty} R_n(b) = 0$$

であれば $f(b)$ は

$$f(b) = \sum_{n=0}^{\infty} \frac{f^{(n)}(a)}{n!}(b-a)^n$$

という無限級数で表せる.

定理 6.1 から定理 6.3 においては $a<b$ の場合を考えていたが, $b<a$ の場合でも同じ結果が成り立つ.

6.2　2 変数関数の場合

領域 $\mathcal{D}$ で定義された C^n 級の 2 変数関数 $z=f(x,y)$ に対し点 $(a,b) \in \mathcal{D}$ におけるテイラー展開を考えたい.

まず 1 変数関数のときと同様に平均値の定理を 2 変数関数 $z = f(x,y)$ に対して考察してみよう. **目標**は点 A(a,b) の近くの点 P(x,y) で $f(x,y) - f(a,b)$ を偏導関数で記述することであることを **忘れないように**.

最初に考えなければいけないことは A と P をどう結ぶかである.

1 変数関数のときは数直線上の 2 点 a と b を考えていた. ということは (あまり意識していなかったが) a と b は線分で結ばれていた！

2 変数のとき A と P は予め結ばれているわけではないから, A から P へ**どうやって移動するかを指定しなければいけない**のである (第 2 章で, P を A に近づけるやり方をいろいろ考えたことを思い出そう).

A から P へ移動するやり方は無数にあるが, [**基本方針**] に沿って考える. すなわち **1 変数関数に帰着する工夫**をしよう.

P(x,y) を A(a,b) の近くの点とする. どのくらい近いかというと, A と P を通る線分が $\mathcal{D}$ に収まるくらい近い点としよう. $x-a=h, y-b=k$ とお

6.2. 2変数函数の場合

くと線分 AP 上の点は

$$(a+ht, b+kt), \quad 0 \leq t \leq 1$$

と表せる.

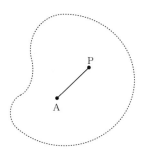

図 6.3 線分を含む

ここで $F(t) = f(a+ht, b+kt)$ とおく. F は閉区間 $[0,1]$ で定義された連続函数であり, 開区間 $(0,1)$ で微分可能である (命題 4.1). $F(t)$ の t に関する導函数を求めよう. (4.1) より

$$\begin{aligned}
F'(t) &= \frac{dF}{dt}(t) \\
&= \frac{\partial f}{\partial x}(a+ht, b+kt)\frac{d(a+ht)}{dt}(t) + \frac{\partial f}{\partial y}(a+ht, b+kt)\frac{d(b+kt)}{dt}(t) \\
&= h\frac{\partial f}{\partial x}(a+ht, b+kt) + k\frac{\partial f}{\partial y}(a+ht, b+kt).
\end{aligned}$$

$n \geq 2$ のときは $F(t)$ は t について 2 回微分可能である. 実際,

$$\begin{aligned}
F''(t) =&\ h\frac{d}{dt}\left(\frac{\partial f}{\partial x}(a+ht, b+kt)\right) + k\left(\frac{d}{dt}\frac{\partial f}{\partial y}(a+ht, b+kt)\right) \\
=&\ h\left(\frac{\partial^2 f}{\partial x^2}(a+ht, b+kt)h + \frac{\partial^2 f}{\partial y \partial x}(a+ht, b+kt)k\right) \\
&+ k\left(\frac{\partial^2 f}{\partial x \partial y}(a+ht, b+kt)h + \frac{\partial^2 f}{\partial y^2}(a+ht, b+kt)k\right)
\end{aligned}$$

と計算される.

これらの計算結果を見ると微分演算子

$$h\frac{\partial}{\partial x} + k\frac{\partial}{\partial y}$$

を使ってみようという気持ちになる．この演算子を f に繰り返して働かせると

$$\left(h\frac{\partial}{\partial x} + k\frac{\partial}{\partial y}\right)^2 f = \left(h\frac{\partial}{\partial x} + k\frac{\partial}{\partial y}\right)\left(h\frac{\partial f}{\partial x} + k\frac{\partial f}{\partial y}\right)$$
$$= h^2\frac{\partial^2 f}{\partial x^2} + hk\frac{\partial^2 f}{\partial x \partial y} + kh\frac{\partial^2 f}{\partial y \partial x} + k^2\frac{\partial^2 f}{\partial y^2}$$

であるから $F''(t)$ は f に微分演算子

$$\left(h\frac{\partial}{\partial x} + k\frac{\partial}{\partial y}\right)^2$$

を働かせて $(a+ht, b+kt)$ での値をとったものであることがわかった．すなわち

$$F''(t) = \left(\left(h\frac{\partial}{\partial x} + k\frac{\partial}{\partial y}\right)^2 f\right)(a+ht, b+kt).$$

括弧が多くて見苦しいのでこの右辺を

$$\left(h\frac{\partial}{\partial x} + k\frac{\partial}{\partial y}\right)^2 f(a+ht, b+kt)$$

と略記する．この約束のもとで

$$\frac{d^l F}{dt^l}(t) = \left(h\frac{\partial}{\partial x} + k\frac{\partial}{\partial y}\right)^l f(a+ht, b+kt), \quad l = 0, 1, 2, \ldots$$

が成り立つ．

問題 6.1 数学的帰納法で証明を与えよ．

【ひとこと】 （第 4 章でも述べたけれども）多変数函数の微分積分では，このように「正確に書くと煩雑になりすぎる式」を意味がつかめる範囲でどんどん略記する．授業で略記法を説明されたときに，聞き逃してしまうとその後の説明が何もわからなくなるということがあり得る．略記をしている箇所には常に注意を払って意味をつかむよう心がけよう．

いま f が C^n 級であるから $0 \leq l \leq n$ である l に対し

$$\text{(6.2)} \qquad \frac{\mathrm{d}^l F}{\mathrm{d}t^l}(t) = \left(h\frac{\partial}{\partial x} + k\frac{\partial}{\partial y} \right)^l f(a+ht, b+kt)$$

が成り立つ $(l = 0, 1, 2, \ldots)$.

定理 6.3 を $F(t)$ に適用すると

$$F(1) = F(0) + F'(0) + \frac{1}{2!}F''(0) + \cdots + \frac{1}{(n-1)!}F^{(n-1)}(0) + R_n,$$
$$R_n = \frac{1}{n!}F^{(n)}(\theta)$$

をみたす $\theta \in (0,1)$ が存在することがわかる. ここに (6.2) を代入すると, 次の定理が得られる.

定理 6.4 (2 変数函数に対するテイラーの定理) f を領域 $\mathcal{D}$ で定義された C^n 級の 2 変数函数とする $(n \geq 1)$. $h, k \in \mathbb{R}$ を「2 点 (a,b) と $(a+h, b+k)$ を結ぶ線分」が $\mathcal{D}$ に収まるようにとる. このとき

$$f(a+h, b+k) = f(a,b) + \sum_{l=1}^{n-1} \frac{1}{l!} \left(h\frac{\partial}{\partial x} + k\frac{\partial}{\partial y} \right)^l f(a,b)$$
$$+ \frac{1}{n!} \left(h\frac{\partial}{\partial x} + k\frac{\partial}{\partial y} \right)^n f(a+\theta h, b+\theta k)$$

をみたす $\theta \in (0,1)$ が存在する. この式を f の (a,b) のまわりでの n 次の**テイラー展開**という.

$$R_n = \frac{1}{n!} \left(h\frac{\partial}{\partial x} + k\frac{\partial}{\partial y} \right)^n f(a+\theta h, b+\theta k)$$

を**剰余項**とよぶ

$(h\partial_x + k\partial_y)^l f(a,b)$ を l が小さいときに具体的に書いてみよう. まず $l=1$ のとき

$$(h\partial_x + k\partial_y)f(a,b) = hf_x(a,b) + kf_y(a,b).$$

次に $l = 2$ のときは

$$\begin{aligned}(h\partial_x + k\partial_y)^2 f(a,b) &= hhf_{xx}(a,b) + hkf_{xy}(a,b) + khf_{yx}(a,b) + kkf_{yy}(a,b) \\ &= h^2 f_{xx}(a,b) + 2hk f_{xy}(a,b) + k^2 f_{yy}(a,b)\end{aligned}$$

と計算できる.

とくに1次のテイラー展開を特筆しておこう.

系 6.1 (2変数函数に対する平均値の定理) f を領域 $\mathcal{D}$ で定義された C^1 級の2変数函数とする. $h, k \in \mathbb{R}$ を「2点 (a,b) と $(a+h, b+k)$ を結ぶ線分」が $\mathcal{D}$ に収まるようにとる. このとき

$$f(a+h, b+k) = f(a,b) + hf_x(a+\theta h, b+\theta k) + kf_y(a+\theta h, b+\theta k)$$

をみたす $\theta \in (0,1)$ が存在する.

これは1変数函数に対する平均値の定理の2変数版である. この系の重要かつとても利用頻度の高い応用を挙げよう.

系 6.2 f を領域 $\mathcal{D}$ で定義された C^1 級の2変数函数とする. $\mathcal{D}$ 上で $f_x = 0$ かつ $f_y = 0$ (恒等的に 0) であるならば f は $\mathcal{D}$ 上で定数である.

【証明】 どこでもよいから1点 $\mathrm{A}(a,b)$ をとる. 次に勝手に選んだ点 $\mathrm{P}(x,y)$ に対し $\mathcal{D}$ が領域なので P と A を結ぶ折線が存在する. 折線の端点を $\{\mathrm{A} = \mathrm{P}_0, \mathrm{P}_1, \ldots, \mathrm{P}_{n-1}, \mathrm{P}_n = \mathrm{P}\}$ とする. また各端点を $\mathrm{P}_j(a_j, b_j)$ と表す. 線分 $\mathrm{P}_j \mathrm{P}_{j+1}$ で平均値の定理を適用する ($h_j = a_{j+1} - a_j$, $k_j = b_{j+1} - b_j$ とおく).

$$f(a_{j+1}, b_{j+1}) - f(a_j, b_j) = h_j f_x(a_j + \theta h_j, b_j + \theta k_j) + k_j f_y(a_j + \theta h_j, b_j + \theta k_j)$$

をみたす $\theta \in (0,1)$ が存在する. 仮定より $f_x = f_y = 0$ であるから $f(a_{j+1}, b_{j+1}) - f(a_j, b_j) = 0$ が各 $j \in \{0, 1, \ldots, n-1\}$ について成り立つ.

すると $h = x-a$, $k = y-b$ とおくと

$$f(x,y) - f(a,b) = \sum_{j=0}^{n-1} (f(a_{j+1}, b_{j+1}) - f(a_j, b_j)) = 0$$

したがって $f(x,y) = f(a,b)$ を得る. ∎

この証明では $\mathcal{D}$ の **連結性が大切** であることに注意してほしい.

例題 6.1 $f(x,y) = (x+y)e^{x-y}$ を $(0,0)$ において 3 次までテーラー展開せよ.

【解答】 まず $f(0,0) = 0$ より

$$\begin{aligned}f(x,y) &= (x\partial_x + y\partial_y) f(0,0) + (x\partial_x + y\partial_y)^2 f(0,0) + R_3 \\ &= f_x(0,0)x + f_y(0,0)y + f_{xx}(0,0)x^2 + 2f_{xy}(0,0)xy + f_{yy}(0,0)y^2 \\ &\quad + R_3.\end{aligned}$$

次に

$$\begin{aligned}f_x &= e^{x-y} + (x+y)e^{x-y}, \quad f_y = e^{x-y} - (x+y)e^{x-y}, \\ f_{xx} &= 2e^{x-y} + (x+y)e^{x-y}, \quad f_{xy} = -(x+y)e^{x-y}, \\ f_{yy} &= -2e^{x-y} + (x+y)e^{x-y}\end{aligned}$$

より $f_x(0,0) = f_y(0,0) = 1$. さらに

$$f_{xx}(0,0) = 2, \quad f_{xy}(0,0) = 0, \quad f_{yy}(0,0) = -2$$

であるから $f(x,y) = x + y + x^2 - y^2 + R_3$. □

この例題で扱った函数 $f(x,y) = (x+y)e^{x-y}$ のグラフをコンピュータソフト (Maple^{TM}) で描いたものが図 6.4 の左側である. $f(x,y)$ をテーラー展開し 2 次の項までで打ち切って得られる函数 $x + y + x^2 - y^2$ のグラフは図 6.4 の右側である.

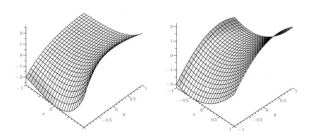

図 6.4　左：$z=(x+y)e^{x-y}$ のグラフ，右：2次まで

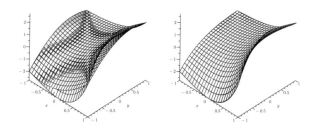

図 6.5　左：$z=(x+y)e^{x-y}$ と 2 次までの近似を重ねた図．
右：$z=(x+y)e^{x-y}$ と 5 次までの近似を重ねた図．

この 2 つを重ねてみると（図 6.5 左），$(x,y)=(0,0)$ の近くでは近似されているが，$(0,0)$ から遠ざかるとずれが目立つ．

5 次までの項で打ち切ったもの

$$x+y+x^2-y^2+\frac{x^3}{2}-\frac{x^2y}{2}-\frac{xy^2}{2}+\frac{y^3}{2}$$
$$+\frac{x^4}{6}-\frac{x^3y}{3}+\frac{y^3x}{3}-\frac{y^4}{6}$$
$$+\frac{x^5}{24}-\frac{x^4y}{8}+\frac{x^3y^2}{12}+\frac{x^2y^3}{12}-\frac{xy^4}{8}+\frac{y^5}{24}$$

と重ねてみると（図 6.5 右），近似の精度がかなりよくなっていることがわか

る（Maximaでも試してみよう）．

問題 6.2 次の2変数函数を $(0,0)$ においてテイラー展開し2次の項まで求めよ．
(1) $f(x,y) = e^x \cos y$．
(2) $f(x,y) = (1+x+3y^2)^3$．

6.3　数式処理ソフトを使ってみる

「テイラー展開せよ」という演習問題を解いたとき，自分の計算結果が正しいかどうか確認したいときは数式処理ソフトウェアを使ってみるのもよい．ここではMaximaを使ってみる．もちろん数式処理ソフトウェアが常に正しい結果を返してくるとは限らないことは忘れないでほしい．

1変数函数の場合から説明しよう．たとえば，函数 $y = \sqrt{\sin x + ax + 1}$ を $x=0$ のまわりでテイラー展開させたいとき

(%i1) taylor (sqrt (sin(x)+a*x+1),x,0,3);

と入力すると

(%o1) $1 + \dfrac{(a+1)x}{2} - \dfrac{(a^2+2a+1)x^2}{8} + \dfrac{(3a^3+9a^2+9a-1)x^3}{48} + \ldots$

という答えを返してくる．これは4次まで展開して剰余項 R_4 を打ち切ったものになっている．

2変数函数のときは次のようにする．$z = \sin(x+y)$ を $(0,0)$ のまわりで3次の項までテイラー展開したいときは

(%i2) (sin(x+y),[x,y],0,3);

と入力してみると

(%o2) $y + x - \dfrac{x^3 + 3yx^2 + 3y^2x + y^3}{6} + \ldots$

と返してくる．「これは $x=y=0$ においてテイラー展開せよ」という命令である．x と y が異なるときでも通用するように命令するには

(%i3) (sin(x+y),x,0,3, y,0,3);

と入力すればよい．この場合

(%o3) $y - \dfrac{y^3}{6} + \cdots + \left(1 - \dfrac{y^2}{2} + \ldots\right)x + \left(-\dfrac{y}{2} + \dfrac{y^3}{12} + \ldots\right)x^2$
$+ \left(-\dfrac{1}{6} + \dfrac{y^2}{12} + \ldots\right)x^3 + \ldots$

という答えを返してくる．

註 6.1 Maple^{TM} では入力の仕方が少々異なる．

> mtaylor(sin(x+y),[x,y],4);

または

> mtaylor(sin(x+y), [x=0, y=0], 4)

と入力すると

> $x + y - \dfrac{x^3}{6} - \dfrac{yx^2}{2} - \dfrac{y^2 x}{2} - \dfrac{y^3}{6}$

という答えを返してくる．3次の項まで求めたいときは Maple^{TM} では4を指定するので注意．

6.4　ベクトルと行列を使った整理

　3変数以上の函数を扱うときのために**ベクトルと行列**を使ってテイラー展開の式を書き換えておこう．2変数函数のときは具体的にいろいろな数式を書けるけれども，変数の数が一般になると類推も難しくなってくる．ベクトルと行列を使った整理をしておくと類推もしやすくなる．

　テイラー展開の 1 次の項

$$(h\partial_x + k\partial_y)f(a,b) = hf_x(a,b) + kf_y(a,b)$$

は $(f_x(a,b), f_y(a,b))$ というベクトルと (h,k) というベクトルの内積と考えることができることに注意しよう．そこで次のように名前をつけておく．

6.4. ベクトルと行列を使った整理

定義 6.1 ベクトル

$$\operatorname{grad} f_{(a,b)} = \begin{pmatrix} f_x(a,b) \\ f_y(a,b) \end{pmatrix}$$

を f の点 $\mathrm{A}(a,b)$ における**勾配ベクトル** (gradient vector) とよぶ.

$\boldsymbol{h} = (h, k)$ とおき，ベクトルの内積 $(\cdot|\cdot)$ を用いると

$$(h\partial_x + k\partial_y)f(a,b) = (\operatorname{grad} f_{(a,b)} | \boldsymbol{h})$$

と書き直せる．また f の全微分 $\mathrm{d}f = f_x \mathrm{d}x + f_y \mathrm{d}y$ との（見た目の）類似性に着目して $(\mathrm{d}f)_{(a,b)} : \mathbb{R}^2 \to \mathbb{R}$ を

$$(\mathrm{d}f)_{(a,b)}(\boldsymbol{h}) = h f_x(a,b) + k f_y(a,b), \quad \boldsymbol{h} = (h, k)$$

で定義しよう．当たり前だが等式

$$(\mathrm{d}f)_{(a,b)}(\boldsymbol{h}) = (\operatorname{grad} f_{(a,b)} | \boldsymbol{h})$$

が成り立つ．ここでは見た目の類似性で $\mathrm{d}f$ という記法を用いたが，この記法は微分形式を学ぶことで正当化されることを注意しておこう ([2, 付録 F], [10]).

定義 6.2 $F : \mathbb{R}^2 \to \mathbb{R}$ が

$$F(a\boldsymbol{x} + b\boldsymbol{y}) = aF(\boldsymbol{x}) + bF(\boldsymbol{y})$$

をみたすとき $\mathbb{R}^2$ 上の**線型形式** (linear form) または**線型汎函数** (linear functional) であるという.

この用語に従うと，$(\mathrm{d}f)_{(a,b)}$ は $\mathbb{R}^2$ 上の線型形式であると言い表せる.

註 6.2 (発展事項) $\mathbb{R}^2$ 上のベクトル場を用いた $(\mathrm{d}f)_{(a,b)}(h,k)$ の解釈を紹介しておこう[*1].

[*1] この註で説明する「ベクトル場」は曲がった空間（多様体）でも通用するように定式化されたものである．一見すると「ベクトル解析」で学ぶベクトル場と異なる概念に見えてしまうが，実は同一のものである．同一のものであるという説明は [2, 註 5.20] にある.

微分演算子
$$X = h\frac{\partial}{\partial x} + k\frac{\partial}{\partial y}$$
は $\mathbb{R}^2$ 上の "ベクトル場" であり, 函数
$$X(f) = h\frac{\partial f}{\partial x} + k\frac{\partial f}{\partial y}$$
は f の X による "微分" とよばれる. 函数 $X(f)$ の (a,b) での値 $X_{(a,b)}(f)$ が $(\mathrm{d}f)_{(a,b)}(h,k)$ である. すなわち
$$X_{(a,b)}(f) = h\frac{\partial f}{\partial x}(a,b) + k\frac{\partial f}{\partial y}(a,b) = (\mathrm{d}f)_{(a,b)}(h,k).$$
$\mathbb{R}^2$ 上の (上記の意味での) "ベクトル場" については [2, 第 5 章] を参照.

次に 2 次の項
$$(h\partial_x + k\partial_y)^2 f(a,b) = h^2 f_{xx}(a,b) + 2hk f_{xy}(a,b) + k^2 f_{yy}(a,b)$$
をベクトルと行列を使って整理しよう. まず 2 次行列 $\mathrm{H}_f(a,b)$ を

(6.3) $$\mathrm{H}_f(a,b) = \begin{pmatrix} f_{xx}(a,b) & f_{xy}(a,b) \\ f_{yx}(a,b) & f_{yy}(a,b) \end{pmatrix}$$

で定め f の (a,b) における**ヘッセ行列** (Hesse matrix) とよぶ. ヘッセ行列を用いると
$$(h\partial_x + k\partial_y)^2 f(a,b) = (h,k)\mathrm{H}_f(a,b)\begin{pmatrix} h \\ k \end{pmatrix}$$
と表せる. ここで次の用語を用意する.

定義 6.3 A を 2 次の対称行列とする. すなわち A は
$$A = \begin{pmatrix} a & h \\ h & b \end{pmatrix}$$
という行列である. A を用いて $\mathbb{R}^2$ 上の函数 q_A を
$$q_A[\boldsymbol{x}] = (x,y)A\begin{pmatrix} x \\ y \end{pmatrix}, \quad \boldsymbol{x} = \begin{pmatrix} x \\ y \end{pmatrix}$$
で定義し A の定める **2 次形式** (quadratic form) という.

テイラー展開の 2 次の項に表れる $(h\partial_x+k\partial_k)^2 f(a,b)$ はヘッセ行列 $\mathrm{H}_f(a,b)$ の定める 2 次形式である.

$\mathrm{H}_f(a,b)$ の定める 2 次形式を $(\mathrm{d}^2 f)_{(a,b)}(\boldsymbol{h})$, または $(\mathrm{d}^2 f)_{(a,b)}(h,k)$ と表すことにしよう. 以下, 同様に

$$(\mathrm{d}^l f)_{(a,b)}(\boldsymbol{h}) = (\mathrm{d}^l f)_{(a,b)}(h,k) = (h\partial_x+k\partial_y)^l f(a,b)$$

とおく. ただし $(\mathrm{d}^1 f)_{(a,b)} = (\mathrm{d}f)_{(a,b)}$ とする. テイラー展開は

$$f(a+ht,b+kt) = f(a,b) + \sum_{l=1}^{n-1} \frac{(\mathrm{d}^l f)_{(a,b)}(h,k)}{l!} t^l + \frac{(\mathrm{d}^n f)_{(a+\theta h,b+\theta k)}(h,k)}{n!} t^n$$

と書き直せる. このように整理しておくと変数の数が増えても (つまり 3 変数関数や, 一般の n 変数関数を扱うときでも) 見通しよく学ぶことができる.

《章末問題》

章末問題 6.1 $f(x,y) = e^{2xy-y^2}$ を原点でテイラー展開し 4 次の項まで求めよ.

章末問題 6.2 $f(x,y) = e^{x+y}$ を原点でテイラー展開し 3 次の項まで求めよ.

章末問題 6.3 $f(x,y) = \log(1+x^2+y^2)$ を原点でテイラー展開し 4 次の項まで求めよ.

章末問題 6.4 $f(x,y) = 1/\sqrt{1+x^2+y^2}$ を原点でテイラー展開し 6 次の項まで求めよ.

章末問題 6.5 $\mathbb{R}^2$ 上の函数 f がすべての $(x,y) \in \mathbb{R}^2$ と $t \in \mathbb{R}$ に対し $f(tx,ty) = t^\alpha f(x,y)$ をみたすとき**同次函数**であるという. α を f の次数とよぶ. 同次函数 f が C^n 級 $(n \geq 1)$ であるとき $r < n$ である r に対し

$$\left(x\frac{\partial}{\partial x} + y\frac{\partial}{\partial y}\right)^r f(x,y) = \alpha(\alpha-1)\cdots(\alpha-r+1)f(x,y)$$

が成り立つことを示せ.

章末問題 6.6 $f(x,y) = \sin(y/x)$ は $xf_x + yf_y = 0$ をみたすことを示せ.

章末問題 6.7 a を定数,α を $0 < \alpha < 1$ をみたす定数とする.$f(x,y) = ax^\alpha y^{1-\alpha}$ は $xf_x + yf_y = f$ をみたすことを示せ.

章末問題 6.8 (オイラーの定理) f を $\mathbb{R}^2$ 上の C^1 級函数とする.f が m 次の同次函数であるための必要十分条件は $xf_x + yf_y = mf$ であることを示せ.

7 極値を求める

2変数函数 $z = f(x,y)$ がいつ極値をとるかを判定しよう．

7.1 極値とは？

1変数函数の場合にならって $z = f(x,y)$ の極値を定義しよう．(a,b) の近傍で $(x,y) \neq (a,b)$ ならば

$$f(x,y) > f(a,b)$$

が成り立つとき f は (a,b) で**極小値** $f(a,b)$ をとるという．

註 7.1 もう少し厳密に言うと次のようになる．ある $\varepsilon > 0$ が存在してすべての $(x,y) \in U_\varepsilon(a,b) \setminus \{(a,b)\}$ に対し $f(x,y) > f(a,b)$ が成り立つとき f は (a,b) で極小値 $f(a,b)$ をとるという．

同様に (a,b) の近傍で $(x,y) \neq (a,b)$ ならば

$$f(x,y) < f(a,b)$$

が成り立つとき f は (a,b) で**極大値** $f(a,b)$ をとるという．

註 7.2 (広義？狭義？) (a,b) の近傍で

$$f(x,y) \geq f(a,b)$$

が成り立つとき f は (a,b) で**広義の極小値** $f(a,b)$ をとるという．

この本とは違った流儀の教科書もあることを注意しておく．

(a,b) の近傍で

$$f(x,y) \geq f(a,b)$$

が成り立つとき f は (a,b) で極小値 $f(a,b)$ をとると定め，とくに $(x,t) \neq (a,b)$ のとき $f(x,y) > f(a,b)$ をみたすならば**強義の極小値**（または**狭義の極小値**）をとると定

めるのである（極大値についても同様）．他の教科書を読む際には極大値・極小値の定義を確認するようにしよう．大学生の場合は指定教科書や授業での定義を確認しておこう（試験のときのため）．

定理 7.1 偏微分可能な 2 変数函数 f が点 (a,b) で極値をとれば
$$f_x(a,b) = f_y(a,b) = 0.$$

【証明】 点 (a,b) の ε-近傍 $U_\varepsilon(a,b)$ で $f(x,y) > f(a,b)$ をみたすとする．区間 $(a-\varepsilon, a+\varepsilon)$ で定義された 1 変数函数 $\varphi(x) = f(x,b)$ を考える．(a,b) で f が極小であるから $\varphi(x)$ は $x=a$ で極小値をとるから
$$\frac{\mathrm{d}\varphi}{\mathrm{d}x}(a) = 0.$$
ところで
$$\begin{aligned}\frac{\mathrm{d}\varphi}{\mathrm{d}x}(a) &= \lim_{h\to 0}\frac{\varphi(a+h)-\varphi(a)}{h} \\ &= \lim_{h\to 0}\frac{f(a+h,b)-f(a,b)}{h} = \frac{\partial f}{\partial x}(a,b)\end{aligned}$$
であるから $f_x(a,b) = 0$．$f_y(a,b) = 0$ も同様にして確かめられる（$\psi(y) = f(a,y)$ を考えればよい）． ∎

定義 7.1 偏微分可能な 2 変数函数 f において $f_x(a,b) = f_y(a,b) = 0$ となる点を f の **臨界点**（または危点，critical point）とよぶ．

7.2 判定法を作る

1 変数函数 $y = f(x)$ の極値をどうやって探したか思い出そう．増減表を作って極値を探すことができた．数直線は 1 次元の世界で，x が動きまわる方向が 1 方向しかないからできたことだった．2 変数函数の場合，平面内の領域を (x,y) が動きまわる．つまり，**動く方向が無限にある**！増減表を作るなら無限の枚数が必要になってしまう．

7.2. 判定法を作る

別の方法を探さないといけない．1 変数の C^2 級函数のときに次の判定法を学んでいるだろう．

定理 7.2 開区間 I で定義された C^2 級の 1 変数函数 $y = f(x)$ に対し

- $f'(a) = 0$ かつ $f''(a) > 0$ ならば $x = a$ で極小値をとる．
- $f'(a) = 0$ かつ $f''(a) < 0$ ならば $x = a$ で極大値をとる．

2 変数函数のときにこの判定法に相当する判定法を作っておこう．

まず少々，記号の準備をしておく．点 $(a,b) \in \mathcal{D}$ において行列

$$\mathrm{H}_f(a,b) = \begin{pmatrix} f_{xx}(a,b) & f_{xy}(a,b) \\ f_{yx}(a,b) & f_{yy}(a,b) \end{pmatrix}$$

を考え f の点 (a,b) におけるヘッセ行列とよんだ (p. 102)．

定義 7.2 ヘッセ行列の行列式

$$\det \mathrm{H}_f(a,b) = f_{xx}(a,b) f_{yy}(a,b) - f_{xy}(a,b) f_{yx}(a,b)$$

を f の点 (a,b) における**ヘッセ行列式**とか**ヘッシアン** (Hessian) という．

註 7.3 (行列式) 2 行 2 列の行列 $A = \begin{pmatrix} a & b \\ c & d \end{pmatrix}$ に対し

$$\det A = ad - bc$$

と定め，A の**行列式** (determinant) とよぶ．A の行列式は $|A|$ とも表記する．A が逆行列をもつための必要十分条件は $\det A \neq 0$ である．$\det A \neq 0$ のとき逆行列 A^{-1} は

$$A^{-1} = \frac{1}{ad - bc} \begin{pmatrix} d & -b \\ -c & a \end{pmatrix}$$

で与えられる．

$z = f(x,y)$ を領域 $\mathcal{D}$ 上の C^2 級函数とし，$f(a,b)$ が極値であるとしよう．すると前の章で説明したテイラーの定理より

$$f(a+h,b+k) - f(a,b) = \frac{1}{2}\{f_{xx}(a+\theta h, b+\theta k)h^2$$
$$+ 2f_{xy}(a+\theta h, b+\theta k)hk$$
$$+ f_{yy}(a+\theta h, b+\theta k)k^2\}$$

をみたす $\theta \in (0,1)$ がとれる．

スペースの節約のため

$$A = f_{xx}(a,b), \quad \tilde{A} = f_{xx}(a+\theta h, b+\theta k),$$
$$B = f_{yy}(a,b), \quad \tilde{B} = f_{yy}(a+\theta h, b+\theta k),$$
$$H = f_{xy}(a,b), \quad \tilde{H} = f_{xy}(a+\theta h, b+\theta k)$$

とおく．すると $f(a,b)$ が極値をとるならば

$$f(a+h,b+k) - f(a,b) = \frac{1}{2}(\tilde{A}h^2 + 2\tilde{H}hk + \tilde{B}k^2)$$

が (a,b) の近くの点 $(a+h,b+k)$ で成り立つ．

$\tilde{A} \neq 0$ のとき

$$\tilde{A}h^2 + 2\tilde{H}hk + \tilde{B}k^2 = \frac{1}{\tilde{A}}(h^2 + \frac{2\tilde{H}}{\tilde{A}}hk + \frac{\tilde{B}}{\tilde{A}}k^2)$$
$$= \frac{1}{\tilde{A}}\left\{\left(h + \frac{\tilde{H}}{\tilde{A}}k\right)^2 - \left(\frac{\tilde{H}}{\tilde{A}}k\right)^2 + \frac{\tilde{B}}{\tilde{A}}k^2\right\}$$
$$= \frac{1}{\tilde{A}}\left\{\left(h + \frac{\tilde{H}}{\tilde{A}}k\right)^2 + \frac{\tilde{A}\tilde{B} - \tilde{H}^2}{\tilde{A}^2}k^2\right\}$$

と変形できる（平方完成！）ことを注意しておこう．

(1) $\det H_f(a,b) > 0$ かつ $A > 0$ のとき：

f は C^2 級なので A も $AB - H^2$ も連続函数である．したがって h, k が充分小さければ（すなわち $(a+h,b+k)$ が (a,b) にすごく近ければ）$\det H_f(a+\theta h, b+\theta k) > 0$ （すなわち $\tilde{A}\tilde{B} - \tilde{H}^2 > 0$）かつ $\tilde{A} > 0$ であるから

$$f(a+h,b+k) - f(a,b) > 0.$$

7.2. 判定法を作る

ということは $f(a,b)$ は極小値である．

(2) $\det \mathrm{H}_f(a,b) > 0$ かつ $A < 0$ のとき：
h, k が充分小さければ，$\det \mathrm{H}_f(a+\theta h, b+\theta k) > 0$ かつ $\tilde{A} < 0$ である．したがって

$$f(a+h, b+k) - f(a,b) < 0$$

である．ということは $f(a,b)$ は極大値である．

(3) $\det \mathrm{H}_f(a,b) < 0$ のとき：まず $A > 0$ のときを考える．このとき $\det \mathrm{H}_f(a+\theta h, b+\theta k) < 0$, $\tilde{A} > 0$ である．
$(h,k) \neq (0,0)$ に注意しよう．$k \neq 0$ の場合を調べてみよう．$t = h/k$ とおくと

$$f(a+h, b+k) - f(a,b) = k^2(\tilde{A}t^2 + 2\tilde{H}t + \tilde{B})/2$$

と書き直せる．2 次方程式

$$\tilde{A}t^2 + 2\tilde{H}t + \tilde{B} = 0$$

の判別式を D とすると

$$\frac{D}{4} = H^2 - AB = -\det \mathrm{H}_f(a+\theta h, b+\theta k) > 0$$

であるから，この 2 次方程式は 2 つの異なる実数解 α, β をもつ ($\alpha < \beta$)．すると

$$\tilde{A}h^2 + 2\tilde{H}hk + \tilde{B}k^2 = \tilde{A}(h - \alpha k)(h - \beta k)$$

と因数分解できる．

$$\tilde{A}h^2 + 2\tilde{H}hk + \tilde{B}k^2 = \tilde{A}k^2(t - \alpha)(t - \beta)$$

だから $\alpha < t < \beta$ ならば $\tilde{A}h^2 + 2\tilde{H}hk + \tilde{B}k^2 < 0$ である．t を消去して言い換えると

(7.1) $$\min(k\alpha, k\beta) < h < \max(k\alpha, k\beta)$$

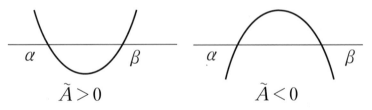

図 7.1　函数 $t \longmapsto \tilde{A}t^2 + 2\tilde{H}t + \tilde{B}$ のグラフ

ならば $\tilde{A}h^2 + 2\tilde{H}hk + \tilde{B}k^2 < 0$ である．すなわち $(a+h, b+k)$ が (a,b) に充分近くて (7.1) をみたしていれば

$$f(a+h, b+k) - f(a,b) < 0$$

である．一方 $t < \alpha$ または $t > \beta$ のとき，すなわち $h/k < \alpha$ または $h/k > \beta$ ならば $f(a+h, b+k) - f(a,b) > 0$ となる．ということは $f(a,b)$ は極大値でも極小値でもない．

$A < 0$ のときも $f(a,b)$ は極値でないことがわかる．

以上を整理しよう．

定理 7.3 C^2 級の 2 変数函数 $f : \mathcal{D} \to \mathbb{R}$ が $f_x(a,b) = f_y(a,b) = 0$ をみたすとする．

$$A = f_{xx}(a,b), \ H = f_{xy}(a,b), \ B = f_{yy}(a,b)$$

に対し

(1) $\det \mathrm{H}_f(a,b) = AB - H^2 > 0$ のとき：
  (a) $A > 0$ ならば $f(a,b)$ は極小値．
  (b) $A < 0$ ならば $f(a,b)$ は極大値．
(2) $\det \mathrm{H}_f(a,b) = AB - H^2 < 0$ のとき (a,b) で f は極大値も極小値もとらない．

【ひとこと】　よくある間違い答案について述べておこう．

7.2. 判定法を作る

2 次方程式 $At^2 + 2Ht + B = 0$ の判別式は $4(H^2 - AB) = -4\det \mathrm{H}_f(a,b)$ で与えられる。そこで $\det \mathrm{H}_f(a,b)$ の代わりに

$$\Delta = H^2 - AB = f_{xy}(a,b)^2 - f_{xx}(a,b)f_{yy}(a,b)$$

を使って極値の判定定理を述べる本もあることを注意しておきたい。

たとえば「$H^2 - AB > 0$ かつ $A > 0$ のとき $f(a,b)$ は極大値」のように，$H^2 - AB$ と $\det \mathrm{H}_f(a,b)$ を混同して極大と極小を間違えてしまう答案をよく見かけるので，ここで注意喚起しておく．この本では定理 7.2 との類似性を重視して $\det \mathrm{H}_f$ を用いて判定定理を述べている．

ヘッセ行列式 $\det \mathrm{H}_f = AB - H^2$ において H が 2 ヵ所に登場していて紛らわしいという場合はヘッセ行列を Hess_f と書いたりする（ヘッセ行列，ヘッセ行列式には確定した記法がないようである）．

例 7.1 (極小値をとる例) $f(x,y) = x^2 + y^2$ は $\mathbb{R}^2$ 全体で C^2 級．

$$f_x = 2x = 0, \quad f_y = 2y = 0$$

を解くと $(x,y) = (0,0)$．したがって極値をとる候補は原点のみ．

$$f_{xx} = 2 > 0, \quad f_{xy} = 0, \quad f_{yy} = 2 > 0$$

より $\det \mathrm{H}_f(0,0) = AB - H^2 = 4 > 0$．ゆえに $(0,0)$ で極小値 0 をとる（図 7.2）．

いまは確認のためにヘッセ行列式を計算したが，

$$f(x,y) \geqq 0 \text{ かつ } f(x,y) = 0 \Longleftrightarrow x = y = 0$$

であるから原点で最小値 0 をとることがすぐにわかってしまう．なにか無駄（大げさ，牛刀）な印象をもったかもしれないがこの例でヘッセ行列式を計算しておくことは大切である．$f(x,y) = x^2 + y^2$ の原点におけるヘッシアンが正であることはすぐに計算して確かめることができるから定理 7.3 の極小値をとるための判定法が思い出せる．定理 7.3 を忘れてしまって急いで思い出さねばならないとき（たとえば試験のとき）は $f(x,y) = x^2 + y^2$ のヘッセ行列式を計算してみればよい．

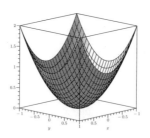

図 7.2 極小値をとる例 $z = x^2 + y^2$, $(0,0)$ で極大

例 7.2 (極大値をとる例) $f(x,y) = -(x^2 + y^2)$ は $(0,0)$ で極大値をとる. 実際には最大値である (図 7.3).

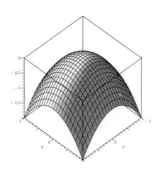

図 7.3 極大値をとる例 $z = -x^2 - y^2$, $(0,0)$ で極大

例 7.3 (極大でも極小でもない) $f(x,y) = x^2 - y^2$ は $\mathbb{R}^2$ 全体で C^2 級.

$$f_x = 2x = 0, \quad f_y = -2y = 0$$

より極値をとる候補は原点 $(0,0)$ のみ.

$$f_{xx} = 2 > 0, \quad f_{xy} = 0, \quad f_{yy} = -2 < 0.$$

したがって $\det \mathrm{H}_f(0,0) < 0$. $f(x,y)$ は極大値も極小値もとらない．

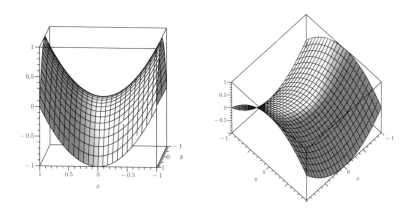

図 7.4 極値をとらない例 $z = x^2 - y^2$, $(0,0)$ で極小値をとるように見えるが・・・

$z = f(x,y) = x^2 - y^2$ を xz 平面で切ってみると

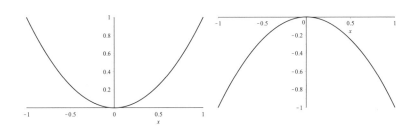

図 7.5 $z = x^2 - y^2$ の切り口：xz 平面（左），yz 平面（右）

$(0,0)$ で極小値をとるように見える（図 7.5 左）．また yz 平面で切ってみると $(0,0)$ で極大値をとるように見える（図 7.5 右）．

例 7.3 をお手本として次の定義を行う．

定義 7.3 領域 $\mathcal{D}$ で定義された C^1 級函数の臨界点 (a,b) において次が成り立つとき，この点を f の**鞍点**とか**峠点**(saddle point) という．

- (a,b) を通り，ある方向に (x,y) を変化させたとき，(a,b) で f は極小値である．
- (a,b) を通り，ある方向に (x,y) を変化させたとき，(a,b) で f は極大値である．

たどたどしい文章なので，例を使って説明しよう．例 7.3 の場合，$(0,0)$ を通りベクトル $\boldsymbol{u}_1 = (1,0)$ の方向に (x,y) を変化させてみる．すなわち x 軸に沿って変化させると $f(x,0) = x^2 \geqq 0$ であるから，この x 軸上で $f(0,0) = 0$ は極小値である．一方，$\boldsymbol{u}_2 = (0,1)$ の方向に (x,y) を変化させてみよう．

$$f(0,y) = -y^2 \leqq 0$$

だから $f(0,0) = 0$ は y 軸上で極大値である．

次に章末問題 5.2 で扱った函数 f を採り上げよう．この函数は C^1 級だが C^2 級ではないことに注意．$m \neq 0, 1$ とし，ベクトル $(1,m)$ の方向に変化させてみよう．原点を通り $(1,m)$ を方向ベクトルにもつ直線上の点は (x,mx) と表せる．

$$f(x,mx) = \frac{m(1-m^2)}{(1+m^2)} x^2$$

より $0 < m < 1$ または $m < -1$ のとき，この直線上で $f(0,0) = 0$ は極小値，$m > 1$ または $-1 < m < 0$ のとき，極大値である．

C^2 級函数のときは定理 7.3 の証明を読み返すと次の系が証明されていることがわかる．

系 7.1 点 (a,b) が C^2 級函数 f の鞍点であるための必要十分条件は

$$f_x(a,b) = f_y(a,b) = 0, \quad \det \mathrm{H}_f(a,b) < 0$$

である．

$\det \mathrm{H}_f(a,b) = 0$ のときは一般には判定不能なのでケースバイケースで考えることになる．まず次の例を見よう．

例 7.4 ($\det \mathrm{H}_f = 0$ **で極値をとらない例**)　$f(x,y) = x^2 + y^3$ は $\mathbb{R}^2$ 全体で C^2 級．
$$f_x = 2x = 0, \ f_y = 3y^2 = 0$$
より極値をとる候補は $(0,0)$ のみ．
$$f_{xx} = 2, \ f_{xy} = 0, \ f_{yy} = 6y$$
より $\det \mathrm{H}_f(0,0) = 0$．この関数は $(0,0)$ で極大値も極小値もとらない．実際，xz 平面でグラフを切ってみると図 7.5 左図と同じ切り口が得られるが，yz 平面での切り口は図 7.6 のようになることからわかる．

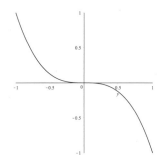

図 7.6　$z = x^2 + y^3$, yz 平面での切り口

例 7.5 ($\det \mathrm{H}_f = 0$ **で極値をとる例**)　$f(x,y) = x^2 + y^4$ は $\mathbb{R}^2$ 全体で C^2 級．$f(x,y) \geqq 0$ であり $(0,0)$ で最小値 0 をとる．また $\det \mathrm{H}_f(0,0) = 0$ である．

問題 7.1 次の関数の極値を調べよ．
(1) $f(x,y) = 6x^2 + 6xy + 3y^2 - 2x^3$.
(2) $f(x,y) = x^2 + 2xy + y^2 - x^4 - y^4$.

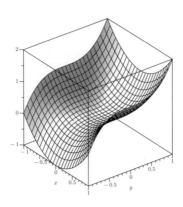

図 7.7　$\det H_f = 0$ で極値をとらない例 $z = x^2 + y^3$, $(0,0)$

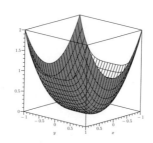

図 7.8　$\det H_f = 0$ で極値をとる例 $z = x^2 + y^4$, $(0,0)$

註 7.4 (非退化性) C^2 級函数 f の臨界点 (a,b) が $\det H_f(a,b) = 0$ をみたすとき (a,b) を**退化臨界点**とよぶ．$\det H_f(a,b) \neq 0$ をみたす臨界点を**非退化臨界点**という．

幾何学的な応用を紹介しよう．

例題 7.1 (等周問題) 周の長さが一定の値 $2s$ である 3 角形の内で面積が最大となるものはなにか．

【解答】 3 角形の 3 辺の長さを $x, y, 2s - (x + y)$, 面積の平方を $f(x, y)$ と

するとヘロンの公式から

$$f(x,y) = s(s-x)(s-y)(x+y-s).$$

この函数を閉領域

$$D = \{(x,y) \in \mathbb{R}^2 \mid s-x \geqq 0,\ s-y \geqq 0,\ x+y-s \geqq 0\}$$

で考える（図 7.9）．

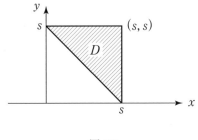

図 7.9

f は D 上で連続なので最大値をもつ．ところが f は境界上ではつねに 0 であるから最大値をとるのは D の内部である（内部では $f > 0$ である）．連立方程式

$$f_x = s\{-(s-y)(x+y-s) + (s-x)(s-y)\} = 0,$$
$$f_y = s\{-(s-x)(x+y-s) + (s-x)(s-y)\} = 0$$

を解いて $s-x = s-y$, すなわち $x = y$. ということは $(2s/3, 2s/3)$ が極大値をとる点．$\det \mathrm{H}_f$ を計算することは読者の演習としよう．$x = y = z = 2s/3$ であるから求める 3 角形は正 3 角形である．

□

次は線型代数由来の問題である．

例題 7.2 (2次函数) $ab - h^2 \neq 0$ とする．2次函数
$$z = f(x, y) = ax^2 + 2hxy + by^2 + 2\alpha x + 2\beta y + c$$
の極値を求めよ．

【解答】 $f_x = 2(ax + hy + \alpha), f_y = 2(by + hx + \beta)$ より
$$f_{xx} = 2a, \ f_{xy} = 2h, \ f_{yy} = 2b.$$
$f_x = f_y = 0$ の解は
$$x_0 = \frac{h\beta - b\alpha}{ab - h^2}, \quad y_0 = \frac{h\alpha - a\beta}{ab - h^2}.$$
$f_{xx}(x_0, y_0) = 2a, \det \mathrm{H}_f(x_0, y_0) = 4(ab - h^2) > 0$ より

- $ab - h^2 < 0$ のとき $f(x_0, y_0)$ は極値でない．
- $ab - h^2 > 0$ かつ $a > 0$ ならば $f(x_0, y_0)$ は極小値．δ, ε を小さな実数とすると
$$\begin{aligned}f(x_0 + \delta, y_0 + \varepsilon) - f(x_0, y_0) &= a\delta^2 + 2h\delta\varepsilon + b\varepsilon^2 \\ &= \frac{1}{a}\{(a\delta + h\varepsilon)^2 + (ab - h^2)\varepsilon^2\} \geqq 0\end{aligned}$$
なので実は最小値である．
- $ab - h^2 > 0$ かつ $a < 0$ ならば $f(x_0, y_0)$ は極大値．実は最大値である．

□

註 7.5 (中心) $ab - h^2 \neq 0$ とする．方程式 $f(x, y) = ax^2 + 2hxy + by^2 + 2\alpha x + 2\beta y + c = 0$ で定まる図形 $C = \{(x, y) \in \mathbb{R}^2 \mid f(x, y) = 0\}$ は有心2次曲線とよばれる．(x_0, y_0) を，この2次曲線の**中心**という．有心2次曲線 C は中心に関し点対称である．また有心2次曲線は楕円か双曲線である ([6] 参照)．

7.2. 判定法を作る

註 7.6 (2次形式) 定義 6.3 に登場した 2 次形式について補足説明をしておこう.

対称行列 $A = \begin{pmatrix} a & h \\ h & b \end{pmatrix}$ の定める 2 次形式 $q_A[\boldsymbol{x}]$ について次のように用語を定める. 2 変数らしく見せるため，ここでは（記号を変えて）$q_A[\boldsymbol{x}]$ を $Q(x,y)$ と表すことにする．すなわち $Q(x,y) = ax^2 + 2hxy + by^2$.

- すべての $(x,y) \in \mathbb{R}^2$ に対し $Q(x,y) \geqq 0$ のとき Q は**半正定値** (positive semi-definite) であるという．
- Q が半正定値であり，さらに $Q(x,y) = 0$ となるのは $x = y = 0$ のみであるとき Q は**正定値** (positive definite) であるという．
- $Q(x_1, y_1) > 0$ となる (x_1, y_1) および $Q(x_2, y_2) < 0$ となる (x_2, y_2) がともに存在するとき Q は**不定値** (indefinite) であるという．

半正定値および正定値をまねて「半負定値」および「負定値」の概念を定める．

問題 7.2 以下を示せ.
(1) $a > 0$ かつ $\det A = ab - h^2 > 0$ ならば Q は正定値.
(2) $a < 0$ かつ $\det A = ab - h^2 > 0$ ならば Q は負定値.
(3) $\det A = ab - h^2 < 0$ ならば Q は不定値.
(4) $\det A = ab - h^2 = 0$ ならば Q は半正定値または半負定値.

この事実を利用して定理 7.3 の証明を与えよ．

物理学，化学，生物学，地学や工学では最小自乗法とよばれる測定値の処理方法を学んでおく必要がある．ここでその原理を説明しておこう．

例 7.6 (最小自乗法) 2 つの量 x と y を n 回測定して得られた結果

$$(x_1, y_1), (x_2, y_2), \ldots, (x_n, y_n)$$

をプロットする（ただし $x_1, x_2, \ldots, x_n$ は相異なるとする）．プロット結果から $y = \alpha x + \beta$ という 1 次関数であると推定したとしよう．

どのようにして α と β を求めたらよいだろうか．18 世紀の天文学では，観測データの処理方法が求められていた．ルジャンドル (Adrian Marie Legendre, 1752-1833) とガウス (Carl Friedrich Gauß, 1777-1855) により考案された最小自乗法を解説しよう．

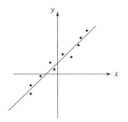

図 7.10 1 次函数と推定する

α と β の 2 変数函数

$$f(\alpha, \beta) = \sum_{i=1}^{n} \{y_i - (\alpha x_i + \beta)\}^2$$

の最小値を求めてみよう．f を最小にする (α, β) が見つかれば測定値に最も近い 1 次函数 $y = \alpha x + \beta$ が求められる．

極値を求めるために少々計算しよう．

$$\begin{aligned}
f(\alpha, \beta) &= \sum_{i=1}^{n} \left\{(y_i)^2 - 2(\alpha x_i + \beta)y_i + (\alpha x_i + \beta)^2\right\} \\
&= \sum_{i=1}^{n}(y_i)^2 - 2\left(\sum_{i=1}^{n} x_i y_i\right)\alpha - 2\left(\sum_{i=1}^{n} y_i\right)\beta \\
&\quad + \left(\sum_{i=1}^{n}(x_i)^2\right)\alpha^2 + 2\left(\sum_{i=1}^{n} x_i\right)\alpha\beta + n\beta^2.
\end{aligned}$$

これより

$$\frac{\partial f}{\partial \alpha} = -2\sum_{i=1}^{n}\{x_i\{y_i - (\alpha x_i + \beta)\}\},$$

$$\frac{\partial f}{\partial \beta} = -2\sum_{i=1}^{n}\{y_i - (\alpha x_i + \beta)\}$$

と計算される．連立方程式

$$\frac{\partial f}{\partial \alpha}(\alpha, \beta) = \frac{\partial f}{\partial \beta}(\alpha, \beta) = 0$$

7.2. 判定法を作る

の解を (α_0, β_0) としよう. すなわち (α_0, β_0) は

$$(7.2) \quad \left(\sum_{i=1}^{n}(x_i)^2\right)\alpha_0 + \left(\sum_{i=1}^{n}x_i\right)\beta_0 = \sum_{i=1}^{n}x_i y_i,$$

$$(7.3) \quad \left(\sum_{i=1}^{n}x_i\right)\alpha_0 + n\beta_0 = \sum_{i=1}^{n}y_i$$

の解である. f の 2 階導函数を計算すると

$$\frac{\partial^2 f}{\partial \alpha^2}(\alpha, \beta) = 2\sum_{i=1}^{n}(x_i)^2, \quad \frac{\partial^2 f}{\partial \alpha \partial \beta}(\alpha, \beta) = 2\sum_{i=1}^{n}x_i, \quad \frac{\partial^2 f}{\partial \beta^2}(\alpha, \beta) = 2n.$$

したがって

$$\frac{\det \mathrm{H}_f(\alpha_0, \beta_0)}{4} = n\left(\sum_{i=1}^{n}(x_i)^2\right) - \left(\sum_{i=1}^{n}x_i\right)^2$$

$$= \left(\sum_{i=1}^{n}1^2\right)\left(\sum_{i=1}^{n}(x_i)^2\right) - \left(\sum_{i=1}^{n}(1 \cdot x_i)\right)^2$$

コーシー-シュワルツの不等式より

$$\left(\sum_{i=1}^{n}1^2\right)\left(\sum_{i=1}^{n}(x_i)^2\right) - \left(\sum_{i=1}^{n}(1 \cdot x_i)\right)^2 \geqq 0.$$

等号成立は $x_1 = x_2 = \cdots = x_n$ のとき. 仮定から $x_1, x_2, \ldots, x_n$ は相異なるから

$$\det \mathrm{H}_f(\alpha_0, \beta_0) > 0.$$

また $x_1, x_2, \ldots, x_n$ は相異なることより $f_{\alpha\alpha}(\alpha_0, \beta_0) = \sum_{i=1}^{n}(x_i)^2 > 0$ である. したがって $f(\alpha_0, \beta_0)$ は極小値. とくに最小値を与える. 以上より (7.2)–(7.3) から (α_0, β_0) を求めればよい. この方法を**最小自乗法**(最小二乗法とも書く)とよぶ.

註 7.7 ベクトルを使ってみるとコーシー-シュワルツの不等式を利用することに気づきやすいかもしれない.

$$\boldsymbol{x} = (x_1, x_2, \ldots, x_n), \quad \boldsymbol{1} = (1, 1, \ldots, 1) \in \mathbb{R}^n$$

とおく．n 次元ベクトルの内積 $(\cdot|\cdot)$ と長さ $\|\cdot\|$ を使うと

$$\frac{1}{4}\det \mathrm{H}_f(\alpha_0,\beta_0) = \|\boldsymbol{x}\|^2 \|\boldsymbol{1}\|^2 - (\boldsymbol{x}|\boldsymbol{1})^2$$

と書き直せる．ベクトルの内積と長さに関する「コーシー-シュワルツの不等式」より $(\boldsymbol{x}|\boldsymbol{1})^2 \leqq \|\boldsymbol{x}\|^2 \|\boldsymbol{1}\|^2$ が得られ $\det \mathrm{H}_f(\alpha_0,\beta_0) \geqq 0$ が示される．

《章末問題》

章末問題 7.1 $f(x,y) = -x^2 + 6y^2 + y^3$ の極値を求めよ．

章末問題 7.2 $f(x,y) = x^2 + y^2 - 2x + 4y + 10$ の極値を求めよ．

章末問題 7.3 $f(x,y) = e^{x-y}(x^2 + y^2)$ の極値を求めよ．

章末問題 7.4 2 変数函数 $f(x,y) = x^4 + y^4 - x^2 + 2xy - y^2$ を考える．
 (1) $f_x(x,y) = f_y(x,y) = 0$ をみたす点 (x,y) をすべて求めよ．
 (2) $\mathbb{R}^3$ 内の曲面 $z = f(x,y)$ の平面 $y = 0$ による切り口 C および平面 $x = y$ による切り口 D の概形を描け．
 (3) 函数 $f(x,y)$ の極値をすべて求めよ． 〔九州大学大学院数理学〕

章末問題 7.5 $\mathbb{R}^2$ で定義された函数

$$f(x,y) = \frac{4x^2 + (y+2)^2}{x^2 + y^2 + 1}$$

のとりうる値の範囲を求めよ．
〔京都大学大学院理学研究科数学・数理科学専攻（基礎科目 I）〕

【コラム】 **(最小自乗法を巡って)** 1805 年にルジャンドルは最小自乗法を発表し，10 年程度で天文学や測地学で標準的な手法として広まった (*Nouvelles méthodes pour la détermination des orbites des comètes*). ルジャンドルとは独立にガウスは 1809 年発表の『天体運動論』(*Theoria motus corporum celestium*) で最小自乗法を公表している (ルジャンドルより早く，1795 年に発見していたという). ルジャンドルとガウスの間で先取権をめぐる紛争があったという．最小自乗法という名称はルジャンドルによる．

余談ながら，これまで数学史の本などで使われていたルジャンドルの肖像画は別人 (政治家 Louis Legendre, 1752-1797) のものであったという (P. Duren, Changing faces: The mistaken portrait of Legendre, *Notices of Amer. Math. Soc.* 56 (2009), no. 11, 1440–1443).

最小自乗法の発見に関する歴史的経緯については

 R. L. Plackett, The discovery of the method of least squares, *Biometrika* 59 (1972), no. 2, 239–251

 安藤洋美，最小二乗法の歴史，現代数学社 (1995)

が詳しい．

8 陰函数定理

8.1 方程式で表示された曲線

原点中心,半径 R の円 $x^2+y^2=R^2$ を 1 変数函数のグラフで表してみよう.

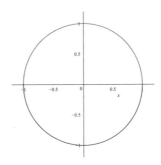

図 8.1　$x^2+y^2=R^2$（この図では $R=1$）

$y^2=R^2-x^2$ だから y について解くと

$$y=\pm\sqrt{R^2-x^2},\ 0\leqq x\leqq R$$

と 2 つに分離してしまう. x について解いても同様で

$$x=\pm\sqrt{R^2-y^2}.$$

上半分 $y=\sqrt{R^2-x^2}$ について導函数

$$y'=-\frac{x}{\sqrt{R^2-x^2}}$$

が求められる（もちろん下半分についても）.

数平面 $\mathbb{R}^2$ 内の曲線 C を**単一のグラフ**

$$\{(x,f(x))\mid x\in I\}$$

8.1. 方程式で表示された曲線

で表せるとは限らないのである．そのような場合でも x と y の 2 変数函数 $F(x,y)$ を用いて

$$C = \{(x,y) \in \mathbb{R}^2 \mid F(x,y) = 0\}$$

と表せることがある．実際，先ほど考えていた円は

$$C = \{(x,y) \in \mathbb{R}^2 \mid F(x,y) = x^2 + y^2 - R^2 = 0\}$$

と表せる！ 単一のグラフで表す方法を曲線の**陽函数表示**という．一方，方程式 $F(x,y) = 0$ をみたす点の集まりとして曲線を表す方法を曲線の**陰函数表示**という．

たとえば

$$F(x,y) = x^3 + y^3 - 3xy = 0$$

で与えられる曲線を**デカルトの葉線**（Descartes folium）という．この曲線を陽函数表示できるだろうか．

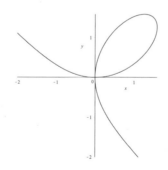

図 8.2 葉線のグラフ

そもそも $y = f(x)$ と表せるのはいつ？

「与えられた x について y が**ひとつだけ**定まる」という状況でなければいけない．

葉線の $x \geqq 0$ かつ $y \geqq 0$ の部分に着目しよう．

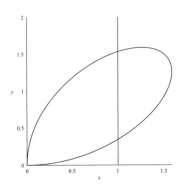

図 8.3　$x=1$ と葉線の交点

$0<k<3/2$ に対し，直線 $x=k$ と C との交点は 2 つある（図 8.3）. $k=0$ および $k=3/2$ のときは $x=k$ と C は 1 点で交わることを確かめること.

$$C_+ = \{(x,y) \in \mathbb{R}^2 \mid F(x,y)=0,\ x,y \geq 0\}$$

を単一の函数のグラフで表すことはできない.

$x \geq 0$ かつ $y \geq 0$ の部分では $y=f(x)$ と表すことはできないが，「$x \geq 0$ かつ $y \geq 0$」の部分を $y>x$ または $y<x$ という条件を課して，範囲を狭めてみよう. $x \geq 0,\ y \geq 0$ かつ $y<x$ の部分を取り出すと図 8.4 のようになる. こ

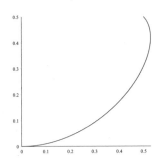

図 8.4　葉線の一部

の部分では与えられた x に対し y は 1 つだけ定まるから $y=f(x)$ と表すこと

ができるはず．

　円の場合も葉線の場合も，曲線全体を単一の函数のグラフで表すことはできないが，「グラフで表せる部分」は見つかったことに注意しよう．

8.2　陰函数定理

　ちょっと視点を変えて物理から例を出そう．

　理想気体の状態方程式 $pV = RT$ を 3 変数函数 $F(p, V, T) = pV - RT$ を使って 3 次元空間内の曲面 $F(p, V, T) = 0$ と考えよう．この場合は簡単に $p = (RT)/V$ と p について簡単に解ける．

　一般に物理量 $x_1, x_2, \ldots, x_{n+1}$ の間に関係式 $F(x_1, x_2, \ldots, x_{n+1}) = 0$ が成立しているとき $x_{n+1} = f(x_1, x_2, \ldots, x_n)$ と表すことができるだろうか (x_{n+1} について解けるか)．いつ**可能なのか**を保証する定理が必要になる．それが陰函数定理である．

　証明に入る前に少し（先走った）計算をやってみよう．「純粋数学の立場からは厳密性を欠く行為だ」と叱りたくなる読者もいるかもしれない．だが数学者もつねに論理的思考だけで研究をしているわけではない．（数学専攻向けの）教科書のスタイルでつねに思考しているわけではない．先走った計算や厳密性を気にしない推論で予想を立てたりして，それから証明にうつるというのは日常茶飯事なのである．

　方程式 $F(x, y) = 0$ から y について $y = f(x)$ と**解けたならば**，合成函数の微分法より

$$0 = \frac{\mathrm{d}}{\mathrm{d}x} F(x, f(x)) = \frac{\partial F}{\partial x} + \frac{\partial F}{\partial y} \frac{\mathrm{d}y}{\mathrm{d}x}.$$

ここから

$$\frac{\mathrm{d}y}{\mathrm{d}x} = -\frac{\frac{\partial F}{\partial x}}{\frac{\partial F}{\partial y}}$$

と計算される．ということは $\frac{\partial F}{\partial y} \neq 0$ でないといけない．$\frac{\partial F}{\partial y}(a, b) \neq 0$ である点 (a, b) の近くでは $y = f(x)$ と解けるのではないかと予想できるだろう．この予想は正しく，次の定理（この章の主題！）が証明できる．

定理 8.1 (陰函数定理) 領域 $\mathcal{D} \subset \mathbb{R}^2$ 上の C^1 級函数 $F(x,y)$ に対し $(a,b) \in \mathcal{D}$ において

(1) $F(a,b) = 0$ かつ
(2) $\dfrac{\partial F}{\partial y}(a,b) \neq 0$

ならば a の近く $(a-\delta, a+\delta)$ で定義された C^1 級函数 $f(x)$ で

(1) $b = f(a), x \in (a-\delta, a+\delta)$ に対し $(x, f(x)) \in \mathcal{D}$ であり $F(x, f(x)) = 0$.

(2) b の近く $(b-\epsilon, b+\epsilon)$ で $F(x,y) = 0$ ならば $y = f(x)$.

(3) $|x-a| < \delta$ ならば $\dfrac{\partial F}{\partial y}(x, f(x)) \neq 0$

をみたすものが存在する．$f(x)$ を曲線 $F(x,y) = 0$ の定める**陰関数**という．この $f(x)$ は C^1 級で

$$\frac{\mathrm{d}f}{\mathrm{d}x}(x) = -\frac{\frac{\partial F}{\partial x}(x, f(x))}{\frac{\partial F}{\partial y}(x, f(x))}.$$

F が C^k 級 $(k \geqq 2)$ ならば f もそう．

8.3 証明の概要

陰函数定理がどのように証明されるかを解説しよう．ただし証明を完全には与えられないことをお断りしておく．

$\dfrac{\partial F}{\partial y}(a,b) > 0$ の場合を調べておけばよいことに注意する．仮定より F_y は連続だから (a,b) の近くで $F_y > 0$ である．すなわち

$$\frac{\partial F}{\partial y}(x,y) > 0, \; (x,y) \in U_r(a,b)$$

となる $r > 0$ が見つかる（命題 A.2）．

8.3. 証明の概要

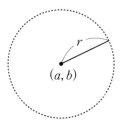

図 8.5　ここで $F_y > 0$

y の函数 $y \longmapsto F(a, y)$ は $(b-r, b+r)$ で増加函数であることに注意しよう．$F(a, b) = 0$ であるから $0 < \epsilon_0 < r$ である**どんな** ϵ_0 についても

$$F(a, b-\epsilon_0) < 0 < F(a, b+\epsilon_0)$$
$$\shortparallel$$
$$F(a, b)$$

である．

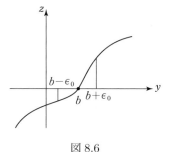

図 8.6

x の函数 $\psi_-(x) = F(x, b-\epsilon_0)$ は x について連続．$\psi_-(a) = F(a, b-\epsilon_0) < 0$ だから a の**近く** $(a-\delta_1, a+\delta_1)$ で $\psi_-(x) < 0$ となる（より正確に言えば $(x, b-\epsilon_0) \in U_r(a, b)$ となるようにする）．

同様に a の**近く** $(a-\delta_2, a+\delta_2)$ で $(x, b+\epsilon_0) \in U_r(a, b)$ かつ $\psi_+(x) = F(x, b+\epsilon_0) > 0$ である．そこで $\delta = \min(\delta_1, \delta_2)$ とおく．そうすれば

$$|x - a| < \delta \Longrightarrow F(x, b-\epsilon_0) < 0 < F(x, b+\epsilon_0).$$

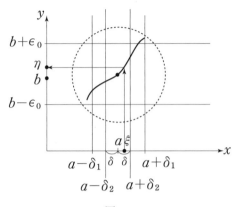

図 8.7

$\xi \in (a-\delta, a+\delta)$ をひとつ採り y の函数 $\varphi(y)$ を $\varphi(y) = F(\xi, y)$ $(b-\epsilon_0 < y < b+\epsilon_0)$ で定める．これは閉区間 $[b-\epsilon_0, b+\epsilon_0]$ で連続かつ単調増加．$\varphi(b-\epsilon_0) < 0$ かつ $\varphi(b+\epsilon_0) > 0$ であるから（中間値の定理より）$\varphi(\eta) = 0$ となる $\eta \in (b-\epsilon_0, b+\epsilon_0)$ が**ひとつだけ**存在する．函数 f を $\eta = f(\xi)$ で定義しよう．$f : (a-\delta, a+\delta) \to (b-\epsilon_0, b+\epsilon_0)$ であり $F(x, f(x)) = 0$ をみたす．とくに $\xi = a$ と選ぶと $\varphi(y) = F(a, y) = 0$ となる $y \in (b-\epsilon_0, b+\epsilon_0)$ が**ひとつだけ**存在する．仮定より $F(a, b) = 0$ だから $f(a) = b$ しかない．

F は (a, b) において連続だから

$$0 = \lim_{x \to a} F(x, f(x)) = F\left(\lim_{x \to a} x, \lim_{x \to a} f(x)\right) = F\left(a, \lim_{x \to a} f(x)\right)$$

したがって $\lim_{x \to a} f(x) = b$．他の点 $\xi \in (a-\delta, a+\delta)$ に対し

$$0 = \lim_{x \to \xi} F(x, f(x)) = F\left(\lim_{x \to \xi} x, \lim_{x \to \xi} f(x)\right) = F\left(\xi, \lim_{x \to \xi} f(x)\right)$$

より $\lim_{x \to \xi} f(x) = \eta$ となるから $f(x)$ は $(a-\delta, a+\delta)$ で連続である．一意性も一応言えた[*1]．

[*1] ただし，一意性の証明は完全ではないので，気になる読者は参考文献で補ってほしい．

8.3. 証明の概要

$\xi \in (a-\delta, a+\delta)$ に対し $h \neq 0$ を $\xi + h \in (a-\delta, a+\delta)$ となるよう小さく採る．$\eta = f(\xi)$，$k = f(\xi + h) - f(\xi)$ に対し平均値の定理より

$$F(\xi + h, \eta + k) = hF_x(\xi + \theta h, \eta + \theta k) + kF_y(\xi + \theta h, \eta + \theta k)$$

をみたす $\theta \in (0, 1)$ が存在する．ところで $F(\xi + h, \eta + k) = 0$ だから

$$\frac{k}{h} = -\frac{\frac{\partial F}{\partial x}(\xi + \theta h, \eta + \theta k)}{\frac{\partial F}{\partial y}(\xi + \theta h, \eta + \theta k)}.$$

$f(x)$ は $(a-\delta, a+\delta)$ で連続だから $h \to 0$ のとき $k \to 0$ である．したがって

$$\lim_{h \to 0} \frac{\frac{\partial F}{\partial x}(\xi + \theta h, \eta + \theta k)}{\frac{\partial F}{\partial y}(\xi + \theta h, \eta + \theta k)} = \frac{\frac{\partial F}{\partial x}(\xi, \eta)}{\frac{\partial F}{\partial y}(\xi, \eta)}.$$

ところで

$$\lim_{h \to 0} \frac{k}{h} = \lim_{h \to 0} \frac{f(\xi + h) - f(\xi)}{h} = \frac{\mathrm{d}f}{\mathrm{d}x}(\xi).$$

であり，F が C^1 級なので f も C^1 級である．

F が C^2 級ならば

$$\begin{aligned}
\frac{\mathrm{d}^2 y}{\mathrm{d}x^2} &= -\frac{\mathrm{d}}{\mathrm{d}x}\left(\frac{F_x}{F_y}\right) \\
&= -\frac{1}{(F_y)^2}\left\{\frac{\mathrm{d}}{\mathrm{d}x}F_x \cdot F_y - F_x \cdot \frac{\mathrm{d}}{\mathrm{d}x}F_y\right\} \\
&= -\frac{1}{(F_y)^2}\left\{(F_{xx} + F_{xy}y')F_y - F_x(F_{yx} + F_{yy}y')\right\} \\
&= -\frac{1}{(F_y)^2}\left\{F_{xx}F_y - F_xF_{yx} + (F_{xy}F_y - F_{yy}F_x)\left(-\frac{F_x}{F_y}\right)\right\} \\
&= -\frac{1}{(F_y)^3}(F_{xx}(F_y)^2 - 2F_xF_yF_{xy} + F_{yy}(F_x)^2)
\end{aligned}$$

と計算できるから f も C^2 級である．

この要領で F が C^k 級 $(k > 2)$ のとき f が C^k 級であることが確かめられる． ∎

8.4 陰函数定理が使えない点

曲線 $F(x,y) = 0$ において，$F_x = F_y = 0$ となる点では陰函数定理が**使えない**．このような点の取り扱いも考えておく必要がある．

定義 8.1 $F_x(a,b) = F_y(a,b) = 0$ となる点 (a,b) を曲線 $F(x,y) = 0$ の**特異点** (singularity) という．特異点でない点は**正則点** (non-singular point, regular point) とか**通常点** (regular point) という．

くどいが，曲線 $F(x,y) = 0$ の特異点とは

$$F(x,y) = 0, \quad F_x(x,y) = 0, \quad F_y(x,y) = 0$$

をみたす点 (x,y) のことである．

> **例題 8.1** $F(x,y) = x^3 - 2y^3 + y^2 = 0$ の特異点を求めよ．また点 $(1,1)$ において
> $$y'(1) = \left.\frac{\mathrm{d}y}{\mathrm{d}x}\right|_{x=1}, \quad y''(1) = \left.\frac{\mathrm{d}^2 y}{\mathrm{d}x^2}\right|_{x=1}$$
> を求めよ．

【解答】 偏導函数は $F_x = 3x^2$, $F_y = -6y^2 + 2y$ で与えられる．$F_x = 0$ より $x = 0$．$F_y = 0$ より $y = 0$ または $1/3$．したがって特異点の候補は $(0,0)$ と $(0,1/3)$．この2点が $F(x,y) = 0$ をみたすかどうかを確認しよう[*2]．$F(0,0) = 0$．一方 $F(0,1/3) = 1/27 \neq 0$ より特異点は $(0,0)$ のみ．正則点において

$$y'(x) = \frac{\mathrm{d}y}{\mathrm{d}x} = -\frac{3x^2}{-6y^2 + 2y} = \frac{3}{2}\frac{x^2}{3y^2 - y}$$

である．ここに $x = 1$, $y = 1$ を代入して $y'(1) = 3/4$．

[*2] 連立方程式 $F_x = F_y = 0$ を解いて特異点を求める際に $F(x,y) = 0$ をみたすことの確認を忘れている答案がかなりあるので警告しておく．

8.4. 陰函数定理が使えない点

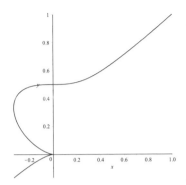

図 8.8　$F(x,y) = x^3 - 2y^3 + y^2 = 0$

次に $y''(x)$ を求める．ここでは 2 通りの計算を実行するので両者の長所・短所を読み取ってほしい．

まず公式

$$\frac{d^2y}{dx^2} = -\frac{F_{xx}(F_y)^2 - 2F_x F_y F_{xy} + F_{yy}(F_x)^2}{(F_y)^3}$$

を使ってみる．$F_x(1,1) = 3$, $F_y(1,1) = -4$,

$$F_{xx} = 6x, \ F_{xy} = 0, \ F_{yy} = -12y + 2$$

より

$$F_{xx}(1,1) = 6, \ F_{xy}(1,1) = 0, \ F_{yy}(1,1) = -10$$

であるから

$$\frac{d^2y}{dx^2}(1) = -\frac{6 \cdot (-4)^2 - 2 \cdot 3 \cdot (-4) \cdot 0 + (-10) \cdot (3)^2}{(-4)^3} = \frac{3}{32}.$$

公式を使わず，直接微分してみよう．

$$\frac{d^2y}{dx^2} = \frac{d}{dx}\left(-\frac{3x^2}{-6y^2 + 2y}\right) = \frac{3}{2}\frac{2x(3y^2 - y) - x^2(6y - 1)y'(x)}{(3y^2 - y)^2}.$$

ここに $x = y = 1$, $y'(1) = 3/4$ を代入して $y''(1) = 3/32$. □

問題 8.1 領域 $\mathcal{D}$ で定義された C^2 級函数 F に対し，曲線 $F(x,y) = 0$ を考える．点 $(a,b) \in \mathcal{D}$ において $F_y(a,b) \neq 0$ と仮定する．(a,b) の近くで定義された陰函数 $y = f(x)$ に対し次のことが成り立つことを示せ．
(1) $y = f(x)$ が $x = a$ で極値をとれば $F_x(a,b) = 0$ である．
(2) $x = a$ で $y = f(x)$ が極値をとり，$F_{xx}(a,b)/F_y(a,b) > 0$ ならば $b = f(a)$ は極大値である．$F_{xx}(a,b)/F_y(a,b) < 0$ ならば $b = f(a)$ は極小値である．

例 8.1（ファン-デル-ワールスの状態方程式） 一般に気体に対して成り立つ関係式 $F(p,T,V) = 0$ を**気体の状態方程式**という．理想気体で**ない**場合を少しだけ考察する．

ファン-デル-ワールス[*3] の状態方程式（1873）は

$$F(p,T,V) = \left(p + \frac{a}{V^2}\right)(V-b) - RT = 0$$

というものである．a, b は定数で $V - b > 0$．

このとき

$$\frac{\partial F}{\partial p} = V - b > 0$$

なので陰函数定理が適用でき $p = p(T,V)$ と解けることが**保証される**．実際，これは

$$p = -\frac{a}{V^2} + \frac{RT}{V-b}$$

と実行できる．

さて凝縮[*4] が起こる最高の温度（つまり T の最大値）を臨界温度[*5] といい T_c で表す．

臨界温度 $T = T_c$ では

$$\left(\frac{\partial p}{\partial V}\right)_T = \left(\frac{\partial^2 p}{\partial V^2}\right)_T = 0$$

[*3] Johannes Diderik van der Waals, 1837–1923.
[*4] たとえば水蒸気が水に状態変化すること．
[*5] 圧縮により液化しうる最高の温度．

が成り立つ．このときの圧力を p_c，体積を V_c で表し，それぞれ**臨界圧力**，**臨界体積**という．T_c, p_c, V_c がわかれば a と b の値が求められる．

$$\left(\frac{\partial p}{\partial V}\right)_T = \frac{\partial}{\partial V}\left\{-\frac{a}{V^2} + \frac{RT}{V-b}\right\} = \frac{2a}{V^3} - \frac{RT}{(V-b)^2} = 0$$

より

$$\frac{RT_c}{(V_c-b)^2} = \frac{2a}{(V_c)^3}.$$

次に

$$\left(\frac{\partial^2 p}{\partial V^2}\right)_T = -\frac{6a}{V^4} + \frac{2RT}{(V-b)^3} = 0$$

より

$$\frac{RT_c}{(V_c-b)^3} = \frac{3a}{(V_c)^4}.$$

したがって $V_c - b = 2V_c/3$．ゆえに $b = V_c/3$, $RT_c = 8a/(27b)$, $p_c = a/(27b^3)$．以上より

$$\frac{RT_c}{p_c V_c} = \frac{8}{3} \doteqdot 2.67$$

が得られる．実際の気体ではこの値はもっと大きい．たとえば CO_2 では 3.57 である．実は 31.1°C 以上の温度では CO_2 はいくら圧縮しても液化しないからである（Thomas Andrews, 1863）． □

《章末問題》

章末問題 8.1 $x^3 + 3x^2y + 2xy^2 + 3y^2 = 4$ について $\dfrac{dy}{dx}$ を求めよ．

章末問題 8.2 $F(x,y) = x + y - e^{xy} = 0$ について $\dfrac{dy}{dx}$ を求めよ．

章末問題 8.3 $F(x,y) = \log(x^2+y^2) - 2\tan^{-1}(y/x) = 0$ について $\dfrac{dy}{dx}$ を求めよ．

9 方程式で表示された曲線

陰函数定理はいろいろな応用をもつ．この章では方程式表示された曲線を調べてみよう．

9.1 特異点と通常点

方程式表示された曲線

$$C = \{(x,y) \in \mathbb{R}^2 \mid F(x,y) = 0\}$$

を考える．C の点 (a,b) において

$$\frac{\partial F}{\partial x}(a,b) \quad \text{と} \quad \frac{\partial F}{\partial y}(a,b)$$

の少なくとも一方が 0 でなければ，この点における接線

(9.1) $$F_x(a,b)(x-a) + F_y(a,b)(y-b) = 0$$

が定まる．この条件をみたす点を C の**正則点**（non-singular point, regular point）とか**通常点**（regular point）とよんだ (p. 132)．

問題 9.1 正則点では (9.1) で接線が与えられることを確かめよ．

一方，

$$\frac{\partial F}{\partial x}(a,b) = \frac{\partial F}{\partial y}(a,b) = 0$$

となる点 (a,b) を**特異点**（singular point, singularity）とよんだ (p. 132)．

たとえば，前章に登場した葉線 $F(x,y) = x^3 + y^3 - 3xy = 0$ において原点 $O(0,0)$ は特異点である．

9.2. 極値の判定法を応用する

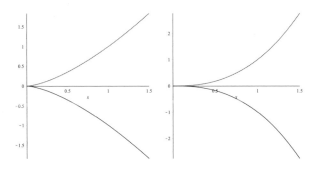

図 9.1 左：3/2-カスプ，右：5/2-カスプ

例 9.1 (3/2-カスプ) 方程式 $F(x,y) = y^2 - x^3 = 0$ で定義される曲線 C において，$F_x(0,0) = F_y(0,0) = 0$ である．したがって $(0,0)$ は C の特異点である（図 9.1 左）．この特異点は第一種の**尖点**（cusp），**通常尖点**，3/2-カスプなどとよばれる．

例 9.2 (5/2-カスプ) 方程式 $F(x,y) = y^2 - x^5 = 0$ で定義される曲線 C において，$F_x(0,0) = F_y(0,0) = 0$ である．したがって $(0,0)$ は C の特異点である（図 9.1 右）．この特異点は，第二種の尖点，**ダブルカスプ** (double cusp)，5/2-カスプ，ランフォイドカスプ (rhamphoid cusp) などとよばれる．rhamphoid はギリシア語で嘴状という意味である（ので嘴点という和訳を使う人もいる）．

より一般に
$$F(x,y) = y^2 - x^{2n+1} = 0$$
で定める曲線の原点は特異点であり $(2n+1)/2$-カスプとよばれる．

9.2 極値の判定法を応用する

曲線 $F(x,y) = 0$ の特異点 (a,b) を考察したい．座標軸の平行移動で特異点が $\mathrm{O}(0,0)$ になるようにしておこう．

したがって 2 変数函数 $F(x,y)$ は

$$F(0,0) = 0, \quad F_x(0,0) = 0, \quad F_y(0,0) = 0$$

をみたす．テイラーの定理より

$$F(x,y) = \frac{1}{2}\left(Ax^2 + 2Hxy + By^2\right) + \frac{1}{2}\left(\varepsilon_1 x^2 + 2\varepsilon_2 xy + \varepsilon_3 y^2\right)$$

が成り立つ．ただし

$$A = F_{xx}(0,0), \quad H = F_{xy}(0,0), \quad B = F_{yy}(0,0).$$

ここで第 7 章で学んだ「極値の判定法」を利用しよう．原点におけるヘッセ行列式 $\det \mathrm{H}_F(0,0) = AB - H^2$ の符号で場合分けされる．

(1) $\det \mathrm{H}_F(0,0) > 0$ のとき：$F(0,0)$ は極値である．$(x,y) \neq (0,0)$ ならば $F(x,y) > 0$ または $F(x,y) < 0$．つまり $(0,0)$ の近くに C の点はない．このような特異点を **孤立特異点**（または孤立点）という（図 9.2）．

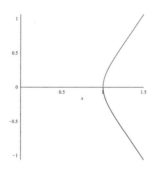

図 9.2 孤立特異点

(2) $\det \mathrm{H}_F(0,0) < 0$ のとき：$(0,0)$ の近くの点 $\mathrm{Q}(x,y)$ に対し

$$\rho = \sqrt{x^2 + y^2}, \quad \lambda = \frac{x}{\rho}, \quad \mu = \frac{y}{\rho}$$

とおく.

$$F(x,y) = \frac{\rho^2}{2}\left(A\lambda^2 + 2H\lambda\mu + B\mu^2\right), \quad \varepsilon = \varepsilon_1\lambda^2 + 2\varepsilon_2\lambda\mu + \varepsilon_3\mu^2.$$

Q(x,y) を C に沿って O$(0,0)$ に近づけると $\varepsilon \to 0$ となるから

直線 OQ $\to$ O における接線

である．この接線は

$$Ax^2 + 2Hxy + By^2 = 0$$

で与えられるのだから，接線は 2 本あるということになる．図 9.3 を見てほしい．原点で 2 本の接線が引ける．

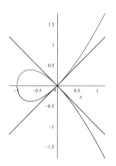

図 9.3　結節点と接線

このような特異点は**通常二重点** (ordinary double point), **結節点** (node, crunode) とよばれる．

(3) $\det \mathrm{H}_F(0,0) = 0$ のとき：このときは一般に判定する方法はないが，次のことは知られている．A, B, H のうち少なくとも 1 つが 0 でなければ，
- 原点は孤立特異点であるか
- $Ax^2 + 2Hxy + By^2 = 0$ を接線にもつ．

いくつかの例を調べてみよう．

例題 9.1 a を定数とする．方程式 $F(x,y) = y^2 - x^2(x+a) = 0$ で定まる曲線の特異点を調べよ．

【解答】 $F_x = -x(3x+2a)$, $F_y = 2y$ より特異点は原点のみ．

$$F_{xx} = -2(3x+a),\ F_{xy} = 0,\ F_{yy} = 2$$

より

$$A = F_{xx}(0,0) = -2a,\ \ H = F_{xy}(0,0) = 0,\ \ B = F_{yy}(0,0) = 2.$$

したがって $\det \mathrm{H}_F(0,0) = -4a$．

(1) $a > 0$ のとき：原点は結節点である．原点で 2 本の接線 $y = \pm\sqrt{a}x$ が引ける（図 9.3 は $a = 1$ の場合を描いたもの）．

(2) $a = 0$ のとき：このとき $y^2 = x^3$ だから原点は 3/2-カスプである．

(3) $a < 0$ のとき：孤立特異点である． □

例題 9.2 方程式 $F(x,y) = y^2 - 2x^2y + x^4 - x^5 = 0$ で定まる曲線 C の特異点を調べよ．

【解答】 $F_x = -4xy + 4x^3 - 5x^4$, $F_y = 2(y - x^2)$ より特異点は原点のみ．

$$F_{xx} = -4y + 12x^2 - 20x^3,\ \ F_{xy} = -4x,\ \ F_{yy} = 2$$

より $A = F_{xx}(0,0) = 0$, $H = F_{xy}(0,0) = 0$, $B = F_{yy}(0,0) = 2$．したがって $\det \mathrm{H}_F(0,0) = 0$．極値の判定法では判別できないので，別のアイディアを出そう．$F_y = 0 \iff y = x^2$ であることに着目しよう．そこで $y = x^2$ を $F(x,y) = 0$ に代入してみよう．

$$F(x, x^2) = -x^5 = 0$$

だから $x=0$ しかない．ということは，原点以外では $F_y \neq 0$ である．したがって原点以外の点のまわりで陰函数定理が使える！実際，$(y-x^2)^2 - x^5 = 0$ より $y = x^2 \pm x^{5/2}$ と（2価函数として）解ける（図 9.4）．原点は孤立特異点

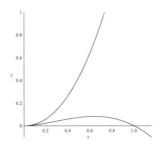

図 9.4　$y^2 - 2x^2 y + x^4 - x^5 = 0$

ではなく $Ax^2 + 2Hxy + By^2 = 0$ を接線にもつ．$A = H = 0, B = 2$ より接線の方程式は $y^2 = 0$，すなわち x 軸である． □

例題 9.3 曲線 $F(x, y) = y^2 - x^4 = 0$ の特異点を調べよ．

【解答】　方程式 $F(x, y) = 0$ で定まる曲線を C とする．$F_x = -4x^3$，$F_y = 2y$ より特異点は原点のみ．$F_{xx} = -12x^2$，$F_{xy} = 0$，$F_{yy} = 2$ より $\det \mathrm{H}_F(0,0) = 0$．極値の判定法では分析できない．$x$ 軸上の点以外の点では陰函数定理が使える．

この場合は $y = \pm x^2$ という2価函数として解けて $C = C_+ \cup C_-$，

$$C_+ = \{(x, x^2) \mid x \in \mathbb{R}\},\ C_- = \{(x, -x^2) \mid x \in \mathbb{R}\}$$

と分解される．$C_+ \cap C_- = \{(0, 0)\}$ に注意．C_+ と C_- は原点で互いに接している．別の言い方をすると，C_+ と C_- は原点で x 軸に接している．つまり原点における接線を共有している．この例における原点のように曲線どうしが特異点で接している場合，その特異点を**自接点**という．

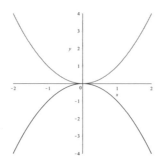

図 9.5　$y^2 = x^4$ と自接点

□

問題 9.2 a を定数とする．$F(x,y) = y^2 - (x^2(x+3a))/(a-x) = 0$ で定まる曲線の特異点を調べよ．この曲線はマクローリンの trisectrix (Maclaurin trisectrix) とよばれる．

問題 9.3 曲線 $F(x,y) = 2x^4 - 3x^2y + y^2 - 2y^3 + y^4 = 0$ の特異点を調べよ．

9.3 葉線を描く

これまでにデカルトの葉線

$$C = \{(x,y) \in \mathbb{R}^2 \mid F(x,y) = x^3 + y^3 - 3xy = 0\}$$

が何度か登場した．

葉線の概形を描くにはどのようなことを調べたらよいだろうか．

この節では方程式表示された曲線の概形を描く方法について**葉線を例として説明する**．

まず葉線の方程式は $F(x,y) = F(y,x)$ をみたすことより，葉線 C は直線 $y = x$ に関して対称であることがわかる．また $x < 0$ かつ $y < 0$ であれば $F(x,y) < 0$ なので，この領域（第 3 象限）には C の点はない．

9.3. 葉線を描く

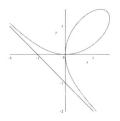

図 9.6 葉線とその漸近線

$y = x$ について対称であるから，C の $y \geq x$ の部分の概形がわかればよい．そこでまず $y = x$ である部分，すなわち直線 $y = x$ と C の交点を求めてみよう．$y = x$ を $F(x, y) = 0$ に代入すると

$$2x^3 - 3x^2 = x^2(2x - 3) = 0$$

より $x = 0$ または $x = 3/2$．したがって交点は $(0,0)$ と $(3/2, 3/2)$ の 2 点．

この計算を少し一般化してみよう．直線 $y = tx$ と C の交点を求めてみると

$$x^3(1 + t^2) - 3tx^2 = x^2\{(1 + t^3)x - 3t\} = 0$$

より $(0,0)$ および

$$\left(\frac{3t}{1+t^3}, \frac{3t^2}{1+t^3}\right), \quad t \neq -1$$

である．この式から t を C を表示する媒介変数（径数，パラメータ）として使えることがわかる．

(9.2) $$x = x(t) = \frac{3t}{1+t^3}, \ y = y(t) = \frac{3t^2}{1+t^3}$$

と t の函数として x と y を考えると，どちらも $\mathbb{R} \setminus \{-1\}$ で C^∞ 級である．とくに $t = 1$ のときが点 $(3/2, 3/2)$ である．

点 $\mathrm{P}(t) = (x(t), y(t))$ と原点の距離 $\mathrm{d}(\mathrm{O}, \mathrm{P}(t))$ の平方は

$$\mathrm{d}(\mathrm{O}, \mathrm{P}(t))^2 = x(t)^2 + y(t)^2 = \frac{9t^2(1+t^2)}{(1+t^3)^2}$$

であるから
$$\lim_{t \to -1} \mathrm{d}(\mathrm{O}, \mathrm{P}(t)) = \infty.$$
すなわち $t \to -1$ とすると $\mathrm{P}(t)$ は限りなく原点から遠ざかる．
$$x(t) + y(t) + 1 = \frac{3t + 3t^2}{1 + t^3} + 1 = \frac{(t+1)^2}{t^2 - t + 1}$$
より
$$\lim_{t \to -1} (x + y + 1) = 0$$
である．これは直線 $x + y + 1 = 0$ が C の漸近線であることを意味する．

C の特異点を調べよう．
$$F_x = 3(x^2 - y), \ F_y = 3(y^2 - x)$$
より $F_x = 0$ となるのは $y = x^2$ のとき．放物線 $y = x^2$ と C の交点は $F(x, x^2) = x^6 - 2x^3 = 0$ を解いて
$$(0, 0), \ (\sqrt[3]{2}, \sqrt[3]{4}).$$
$F_y = 0$ となるのは $x = y^2$ のときであるから，先ほどと同様にして
$$(0, 0), \ (\sqrt[3]{4}, \sqrt[3]{2})$$
で $F_y = 0$ となることがわかる．以上より特異点は原点のみである．
$$F_{xx} = 6x, \ F_{xy} = -3, \ F_{yy} = 6y$$
より $(0, 0)$ において $\det \mathrm{H}_F(0, 0) = -9 < 0$．したがって原点は結節点で接線の方程式は $-3xy = 0$．すなわち x 軸と y 軸が接線．

陰函数定理を使ってみよう．$F_y \neq 0$ の範囲で陰函数定理が使える．すなわち $(0, 0)$ と $(\sqrt[3]{4}, \sqrt[3]{2})$ 以外の点のまわりで $y = f(x)$ と解ける．そこで
$$x > 0, \ y > 0, \ \text{かつ} \ y \geq x$$

である点のまわりで陰函数定理を使うことにしよう（$\sqrt[3]{4} > \sqrt[3]{2}$ に注意）．

$y = f(x)$ の導函数は

$$\frac{\mathrm{d}y}{\mathrm{d}x} = -\frac{x^2 - y}{y^2 - x}$$

と求められる．ここに (9.2) を代入すると

$$\frac{\mathrm{d}y}{\mathrm{d}x} = -\frac{t(2 - t^3)}{2t^3 - 1}$$

を得る．この式は

$$\frac{\mathrm{d}y}{\mathrm{d}x} = \frac{\dot{y}(t)}{\dot{x}(t)} = \frac{\mathrm{d}y}{\mathrm{d}t} \Big/ \frac{\mathrm{d}x}{\mathrm{d}t}$$

で求めても良い．その際には

$$\dot{x}(t) = -\frac{3(2t^3 - 1)}{(1 + t^3)^2}, \quad \dot{y}(t) = -\frac{3t(-2 + t^3)}{(1 + t^3)^2}$$

を用いる．

問題 9.4 t の函数 $x = x(t)$ と $y = y(t)$ の増減を調べよ．また

$$\ddot{x}(t) = \frac{18t^2(t^3 - 2)}{(1 + t^3)^3}, \quad \ddot{y}(t) = \frac{6(t^6 - 7t^3 + 1)}{(1 + t^3)^3}$$

を確かめ，グラフの凹凸を調べよ．グラフの概形が図 9.7 のようになることを確かめよ（$t = -1$ は漸近線）．

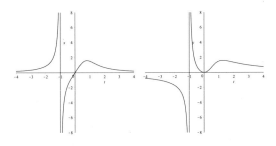

図 9.7　左：$x = x(t)$ のグラフ，右：$y = y(t)$ のグラフ

したがって

- $t > \sqrt[3]{2}$ または $0 < t < 1/\sqrt[3]{2} \Longrightarrow f'(x) > 0$.
- $1/\sqrt[3]{2} < t < \sqrt[3]{2}$ または $t < 0 \Longrightarrow f'(x) < 0$.
- $t = \sqrt[3]{2}$ のとき $f'(x) = 0$. このとき $x = \sqrt[3]{2}$, $y = \sqrt[3]{4}$ であり y 座標 $> x$ 座標.
- $t = 1/\sqrt[3]{2}$ のとき $x = \sqrt[3]{4}$, $y = \sqrt[3]{2}$ であり y 座標 $< x$ 座標.

$y = x$ となるのは $x = 3/2$ であることに注意しよう．すると $0 \leq x \leq 3/2$ において $y = f(x)$ (ただし $y \geq x$) は $x = \sqrt[3]{2}$ で極大値 $\sqrt[3]{4}$ をとる．

x	0		$\sqrt[3]{2}$		3/2
y'	0	+	0	−	−
y	0	↗	$\sqrt[3]{4}$	↘	3/2

$f''(x)$ を計算しよう．

$$f''(x) = \frac{d}{dx}\left(-\frac{t(2-t^3)}{2t^3-1}\right) = \frac{d}{dt}\left(-\frac{t(2-t^3)}{2t^3-1}\right) \bigg/ \frac{dx}{dt}$$
$$= -\frac{2(t^3+1)^4}{3(2t^3-1)^3}$$

と計算できる．また

(9.3) $$\frac{d^2 y}{dx^2} = \frac{\ddot{y}(t)\dot{x}(t) - \ddot{x}(t)\dot{y}(t)}{\dot{x}(t)^3}$$

を使ってもよい．

問題 9.5 式 (9.3) を確かめよ．

式 (9.3) より

$$t < 1/\sqrt[3]{2} \text{ ならば } f''(x) > 0 \text{ (上に凸)},$$
$$t > 1/\sqrt[3]{2} \text{ ならば } f''(x) < 0 \text{ (下に凸)}$$

である．

9.4. プロットしてみる

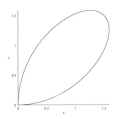

図 9.8 葉線 ($x \geqq 0, y \geqq 0$ の部分)

以上から第一象限における C の概形は図 9.8 のようになる．第 2 象限と第 3 象限の部分は $(0,0)$ が結節点であることと，直線 $x+y+1=0$ が漸近線であることから概形がつかめる．

以上を総合すると図 9.6 のような形が描けるはず．葉線の概形の描き方を参考にして次の曲線の概形を描いてみよう．

節末問題 9.3.1 次の曲線の概形を描け．
 (1) $F(x,y) = 2x^4 - 3x^2y + y^2 - 2y^3 + y^4 = 0$.
 (2) $F(x,y) = (x^2+y^2)^2 + 3x^2y - y^3 = 0$.
 (3) $F(x,y) = (x^2+y^2)^3 - 4x^2y^2 = 0$.
 (4) $F(x,y) = y^2 - x^4(1-x)$.
 (5) $F(x,y) = y^2 - x^4(x-1)$.
 (6) $F(x,y) = (y-x^2)^2 - x^5$.
 (7) $F(x,y) = y^2 - x(x-1)^2$.

9.4 プロットしてみる

Maxima を使って方程式表示された曲線 $F(x,y)=0$ の概形を描いてみよう．入力行のプロンプト

(%i1)

に続けて

(%i1) load(implicit_plot)

と入力しよう．これで曲線が描けるようになる．たとえば

(%i2) implicit_plot(y^2=x^4*(1-x),[x,-1,1],[y,-1,1]);

と入力してみよう．gnuplot で概形が描かれる．出力を openmath に変えたいときは

(%i2) implicit_plot(y^2=x^4*(1-x),[x,-1,1],[y,-1,1],

[plot_format, openmath]);

と入力すればよい．この場合，次のような図が出力される（図 9.9）．

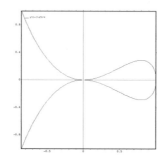

図 9.9　wxMaxima で描いた $y^2 = x^4(1-x)$ のグラフ

10　条件付き極値問題

　C^1 級函数 $f: \mathcal{D} \to \mathbb{R}$ の極値を考えたい．f が C^2 級で，(x, y) が $\mathcal{D}$ を自由に動ける場合は第 7 章で極値の判定法を紹介した．この章では $\mathcal{D}$ 内の曲線に点が拘束されている場合を考察する．

10.1　条件付き極値問題

　f が曲線 C 上で極小値 $f(a,b)$ をとるとはどういうことだろうか．

$$(x, y) \in C \cap U_\varepsilon(a,b) \subset \mathcal{D} \Rightarrow f(x,y) > f(a,b)$$

が成り立つことである．条件 $f(x,y) > f(a,b)$ を $f(x,y) \geqq f(a,b)$ に置き換えた

$$(x, y) \in C \cap U_\varepsilon(a,b) \subset \mathcal{D} \Rightarrow f(x,y) \geqq f(a,b)$$

が成り立つとき，f は曲線 C 上で広義の極小値 $f(a,b)$ をとるという．

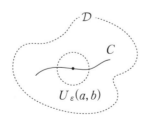

図 10.1　条件付き極値

　このように領域 $\mathcal{D}$ 全体でなく，$\mathcal{D}$ の一部（主に曲線）に f を**制限**したときの極値について調べたい．

定理 10.1 (ラグランジュ乗数法) $f: \mathcal{D} \to \mathbb{R}$ を C^1 級函数，$g: \mathcal{D} \to \mathbb{R}$ も C^1

級函数とする．
$$C = \{(x,y) \in \mathcal{D} \mid g(x,y) = 0\}$$
とおく．f を C に制限したとき，$(a,b) \in C$ で広義の極値をとるならば次のいずれかが成立する．

(1) (a,b) は C の特異点である．すなわち $g_x(a,b) = g_y(a,b) = 0$ をみたす．
(2)
$$f_x(a,b) = \lambda g_x(a,b), \ f_y(a,b) = \lambda g_y(a,b)$$

をみたす $\lambda \in \mathbb{R}$ が存在する．

定数 λ は**ラグランジュ乗数** (Lagrange multiplier) とよばれる[*1]．

【証明】 (a,b) が f の特異点でないときを考えればよい．$g_x(a,b) \neq 0$ または $g_y(a,b) \neq 0$ である．$g_y(a,b) \neq 0$ の場合を調べておこう．陰関数定理より $g(x,y) = 0$ は (a,b) のまわりで $y = \varphi(x)$ と解ける（$\varphi(a) = b$, $x \in I = (a-\delta, a+\delta)$）．

$h(x) = f(x, \varphi(x))$ とおくと

(10.1) $$\frac{\mathrm{d}h}{\mathrm{d}x}(x) = \frac{\partial f}{\partial x}(x,y) + \frac{\partial f}{\partial y}(x,y)\frac{\mathrm{d}\varphi}{\mathrm{d}x}(x).$$

$h(x)$ は $x = a$ で極値をとるので

$$0 = h'(a) = \frac{\mathrm{d}h}{\mathrm{d}x}(a) = \frac{\partial f}{\partial x}(a,b) + \frac{\partial f}{\partial y}(a,b)\frac{\mathrm{d}\varphi}{\mathrm{d}x}(a).$$

一方，$g(x, \varphi(x)) = 0$ を x で微分すると

(10.2) $$\frac{\partial g}{\partial x}(x, \varphi(x)) + \frac{\partial g}{\partial y}(x, \varphi(x))\frac{\mathrm{d}\varphi}{\mathrm{d}x}(x) = 0$$

であるから

(10.3) $$\frac{\mathrm{d}\varphi}{\mathrm{d}x}(a) = -\frac{g_x(a,b)}{g_y(a,b)}$$

[*1] Joseph Louis Lagrange, 1736-1813.

10.1. 条件付き極値問題

を得る．そこで
$$\lambda = \frac{f_y(a,b)}{g_y(a,b)}$$
とおけばよい． ■

> **例題 10.1** $f(x,y) = x^3 + y^3$ の単位円 $x^2 + y^2 = 1$ 上での最大値と最小値を求めよ．

【解答】 $\mathcal{D} = \mathbb{R}^2$, $g(x,y) = x^2 + y^2 - 1$ とおく．C は単位円であるから有界閉集合．したがって f は C 上で最大値と最小値をもつ．

$$f_x = 3x^2, \quad g_x = 2x, \quad f_y = 3y^2, \quad g_y = 2y$$

よりラグランジュ乗数 λ は
$$3x^2 = 2\lambda x, \quad 3y^2 = 2\lambda y$$

で定まる．この連立方程式をみたす (x,y) は次のどれか．

- $(0,0)$. これは $g(x,y) = 0$ をみたさない．
- $(0, 2\lambda/3)$. C 上にあるためには $\lambda = \pm 3/2$. したがって $(0,1)$ か $(0,-1)$. $f(0,1) = 1$, $f(0,-1) = -1$.
- $(2\lambda/3, 0)$. C 上にあるためには $\lambda = \pm 3/2$ であるから $(1,0)$, $(-1,0)$ の 2 点が候補．$f(1,0) = 1$, $f(-1,0) = -1$ である．
- $(2\lambda/3, 2\lambda/3)$. C 上にあるためには $\lambda = \pm 3/\sqrt{8}$. したがって候補の点は $(1/\sqrt{2}, 1/\sqrt{2})$ と $(-1/\sqrt{2}, -1/\sqrt{2})$. $f(1/\sqrt{2}, 1/\sqrt{2}) = 1/\sqrt{2}$, $f(-1/\sqrt{2}, -1/\sqrt{2}) = -1/\sqrt{2}$.

以上から最大値は 1, 最小値は -1 である． □

本当に極値かどうかを判定する方法も与えておこう．そのために f と g はともに C^2 級であることを要請しておく．

式 (10.1) をもう一度 x で微分すると

$$\begin{aligned}\frac{\mathrm{d}^2 h}{\mathrm{d}x^2} &= \frac{\partial^2 f}{\partial x^2}(x,y) + \frac{\partial^2 f}{\partial x \partial y}(x,y)\frac{\mathrm{d}\varphi}{\mathrm{d}x}(x) + \frac{\partial f}{\partial y}(x,y)\frac{\mathrm{d}^2 \varphi}{\mathrm{d}x^2}(x) \\ &\quad + \frac{\partial^2 f}{\partial y \partial x}(x,y)\frac{\mathrm{d}\varphi}{\mathrm{d}x}(x) + \frac{\partial^2 f}{\partial y^2}(x,y)\left(\frac{\mathrm{d}\varphi}{\mathrm{d}x}(x)\right)^2 \\ &= \frac{\partial^2 f}{\partial x^2}(x,y) + 2\frac{\partial^2 f}{\partial x \partial y}(x,y)\frac{\mathrm{d}\varphi}{\mathrm{d}x}(x) \\ &\quad + \frac{\partial^2 f}{\partial y^2}(x,y)\left(\frac{\mathrm{d}\varphi}{\mathrm{d}x}(x)\right)^2 + \frac{\partial f}{\partial y}(x,y)\frac{\mathrm{d}^2 \varphi}{\mathrm{d}x^2}(x)\end{aligned}$$

と計算される. したがって

$$\frac{\mathrm{d}^2 h}{\mathrm{d}x^2}(a) = A + 2H\frac{\mathrm{d}\varphi}{\mathrm{d}x}(a) + B\left(\frac{\mathrm{d}\varphi}{\mathrm{d}x}(a)\right)^2 + \frac{\partial f}{\partial y}(a,b)\frac{\mathrm{d}^2 \varphi}{\mathrm{d}x^2}(a)$$

を得る. ただし

$$A = f_{xx}(a,b),\ B = f_{yy}(a,b),\ H = f_{xy}(a,b).$$

これを

$$h''(a) = A + 2H\varphi'(a) + B\varphi'(a)^2 + f_y(a,b)\varphi''(a)$$

と略記しよう. ここで $f_y(a,b) = \lambda g_y(a,b)$ を用いると

$$h''(a) = A + 2H\varphi'(a) + B\varphi'(a)^2 + \lambda g_y(a,b)\varphi''(a).$$

この式における $g_y(a,b)\varphi''(a)$ を別の方法で計算しよう. 式 (10.2) を x で微分すると

$$\begin{aligned}&\frac{\partial^2 g}{\partial x^2}(x,\varphi(x)) + 2\frac{\partial^2 g}{\partial x \partial y}(x,y)\frac{\mathrm{d}\varphi}{\mathrm{d}x}(x) + \frac{\partial^2 g}{\partial y^2}(x,\varphi(x))\left(\frac{\mathrm{d}\varphi}{\mathrm{d}x}(x)\right)^2 \\ &\quad + \frac{\partial g}{\partial y}(x,\varphi(x))\frac{\mathrm{d}^2 \varphi}{\mathrm{d}x^2}(x) = 0\end{aligned}$$

が得られるので
$$g_y(a,b)\varphi''(a) = -g_{xx}(a,b) - 2g_{xy}(a,b)\varphi'(a) - g_{yy}(a,b)\varphi'(a)^2.$$
これを $h''(a)$ の式に代入して整理すると
$$h''(a) = (A - \lambda g_{xx}(a,b)) + 2(H - \lambda g_{xy}(a,b))\varphi'(a) + (B - \lambda g_{yy}(a,b))\varphi'(a)^2.$$
式の見栄えをよくするために
$$L(x,y;\lambda) = f(x,y) - \lambda g(x,y)$$
とおくと
$$h''(a) = L_{xx}(a,b,\lambda) + 2L_{xy}(a,b,\lambda)\varphi'(a) + L_{yy}(a,b,\lambda)\varphi'(a)^2.$$
と書き換えられる．この式に式 (10.3) を代入すると
$$\begin{aligned}g_y(a,b)^2 h''(a) = \ & L_{xx}(a,b,\lambda)g_y(a,b)^2 - 2L_{xy}(a,b,\lambda)g_x(a,b)g_y(a,b) \\ & + L_{yy}(a,b,\lambda)g_x(a,b)^2.\end{aligned}$$
以上より次の定理が示された．

定理 10.2 f, g は領域 $\mathcal{D}$ 上の C^2 級函数とする．$C = \{(x,y) \in \mathcal{D} \mid g(x,y) = 0\}$ 上で f の極値を考える．点 $(a,b) \in C$ において $f(x,y)$ が極値をとり，$g_y(a,b) \neq 0$ であるとする．ラグランジュ乗数 λ に対し $L(x,y,\lambda) = f(x,y) - \lambda g(x,y)$ とおく．また
$$\begin{aligned}M(a,b,\lambda) = \ & L_{xx}(a,b,\lambda)g_y(a,b)^2 - 2L_{xy}(a,b,\lambda)g_x(a,b)g_y(a,b) \\ & + L_{yy}(a,b,\lambda)g_x(a,b)^2\end{aligned}$$
とおく．$M(a,b,\lambda) > 0$ ならば $f(a,b)$ は極小値，$M(a,b,\lambda) < 0$ ならば極大値である．

註 10.1 $g_x(a,b) = 0$ のときは $g(x,y) = 0$ から陰函数 $x = \psi(y)$ を定めて，同様の議論を行えばよい．

例題 10.1 を再検討しよう．$g_y = 2y$ より $y \neq 0$ の範囲で極値を調べよう．$f(0,1) = 1$ と $f(0,-1) = -1$ がそれぞれ極大値，極小値かどうか確認する．

$(0,1)$ において

$$g_x(0,1) = 0, \ g_y(0,1) = 2, \ \lambda = 3/2$$

であり

$$A = H = 0, \ B = 6, \ g_{xx}(0,1) = g_{yy} = 2, \ g_{xy}(0,1) = 0$$

であるから

$$L_{xx}(0,1,3/2) = -3, \ L_{xy}(0,1,3/2) = 0, \ L_{yy}(0,1,3/2) = 3.$$

以上より $M(0,1,3/2) = (-3) \cdot 2^2 < 0$．ゆえに $f(0,1)$ は極大値である．$M(0,-1,3/2) > 0$ であることの確認は読者に委ねよう．

10.2 線型代数への応用

例題 10.2 (2 次形式) 2 次形式

$$f(x,y) = (x,y) \begin{pmatrix} \alpha & \beta \\ \beta & \gamma \end{pmatrix} \begin{pmatrix} x \\ y \end{pmatrix}$$

の単位円 $x^2 + y^2 = 1$ 上での最大値と最小値を求めよ．

【解答】 $g(x,y) = x^2 + y^2 - 1$ とおく．

$$f_x = 2(\alpha x + \beta y), \ g_x = 2x, \ f_y = 2(\beta x + \gamma y), \ g_y = 2y$$

より

$$0 = f_x - \lambda g_x = 2(\alpha x + \beta y - \lambda x),$$
$$0 = f_y - \lambda g_y = 2(\beta x + \gamma y - \lambda y)$$

をみたす λ を求めてみよう．これは行列を使うと見通しがよくなる．実際

$$\begin{pmatrix} \alpha & \beta \\ \beta & \gamma \end{pmatrix} \begin{pmatrix} x \\ y \end{pmatrix} = \lambda \begin{pmatrix} x \\ y \end{pmatrix}$$

と書き直せる．ここで

$$A = \begin{pmatrix} \alpha & \beta \\ \beta & \gamma \end{pmatrix}, \quad \boldsymbol{p} = \begin{pmatrix} x \\ y \end{pmatrix}$$

とおくと

$$A\boldsymbol{p} = \lambda \boldsymbol{p}$$

と書き直せる．線型代数で行列の固有値・固有ベクトルについてすでに学んでいる読者は λ が A の固有値，$\boldsymbol{p}$ が対応する固有ベクトルであることに気づいていると思う．未習の読者のために少々，説明をしよう．

定義 10.1 4つの実数を成分にもつ2行2列の行列 T に対しベクトル $\boldsymbol{p} = (x,y) \neq (0,0)$ と $\lambda \in \mathbb{R}$ で $T\boldsymbol{p} = \lambda \boldsymbol{p}$ をみたすものが存在するとき λ を T の**固有値** (eigenvalue)，$\boldsymbol{p}$ を固有値 λ に対応する T の**固有ベクトル** (eigenvector) という．

話を2次形式に戻そう．

$$f_x(a,b) - \lambda g_x(a,b) = 0 \text{ かつ } f_y(a,b) - \lambda g_y(a,b) = 0$$

をみたす点 (a,b) をベクトルと考えると2次形式を定める行列 A の長さ1の固有ベクトルである（$a^2 + b^2 = 1$ だから）．λ は固有ベクトル $\boldsymbol{p} = (a,b)$ に対応する固有値である．

$$\begin{pmatrix} \alpha & \beta \\ \beta & \gamma \end{pmatrix} \begin{pmatrix} a \\ b \end{pmatrix} = \lambda \begin{pmatrix} a \\ b \end{pmatrix} = \begin{pmatrix} \lambda & 0 \\ 0 & \lambda \end{pmatrix} \begin{pmatrix} a \\ b \end{pmatrix}$$

と書き直せることに着目すると

$$\begin{pmatrix} \lambda - \alpha & -\beta \\ -\beta & \lambda - \gamma \end{pmatrix} \begin{pmatrix} a \\ b \end{pmatrix} = \begin{pmatrix} 0 \\ 0 \end{pmatrix}$$

という書き換えができる．ここでもし
$$\begin{pmatrix} \lambda - \alpha & -\beta \\ -\beta & \lambda - \gamma \end{pmatrix}$$
が逆行列をもてば $(a,b) = (0,0)$ が導かれてしまう．したがって，この行列は**逆行列をもたない**．すなわち行列式が 0 である（p. 107）．
$$0 = \det \begin{pmatrix} \lambda - \alpha & -\beta \\ -\beta & \lambda - \gamma \end{pmatrix} = \lambda^2 - (\alpha + \gamma)\lambda + \alpha\gamma - \beta^2.$$
この 2 次方程式の判別式は
$$(\alpha - \gamma)^2 + 4\beta^2 \geqq 0$$
なので，実数解
$$\lambda_1 = \frac{\alpha + \gamma - \sqrt{(\alpha - \gamma)^2 + 4\beta^2}}{2}, \quad \lambda_2 = \frac{\alpha + \gamma + \sqrt{(\alpha - \gamma)^2 + 4\beta^2}}{2}$$
をもつ（$\lambda_1 \leqq \lambda_2$）．ところで極値 $f(a,b)$ は
$$f(a,b) = (a,b) \begin{pmatrix} \alpha & \beta \\ \beta & \gamma \end{pmatrix} \begin{pmatrix} a \\ b \end{pmatrix} = (a,b) \left(\lambda \begin{pmatrix} a \\ b \end{pmatrix} \right) = \lambda(a^2 + b^2) = \lambda$$
と求められるから，最小値が λ_1，最大値が λ_2 である． □

10.3 経済数学から

この節では領域
$$\mathcal{D} = \{(x,y) \in \mathbb{R}^2 \mid x,y > 0\}$$
で定義された函数を扱う．財の組 (x,y) を $\mathcal{D}$ の点と考える．財 (x,y) の**効用**（utility）は $\mathcal{D}$ 上の函数 $u = u(x,y)$ と考えられ，**効用函数**とよばれる．u の x に関する偏導函数
$$\mathrm{MU}_x = \frac{\partial u}{\partial x}(x,y)$$
を財 x の**限界効用**（marginal utility）とよぶ．同様に u の y に関する偏導函数を MU_y と記し財 y の限界効用とよぶ．

通常，「財 x を消費すると効用は高まる．」この事実は $\mathrm{MU}_x > 0$ と表現される．しかし限界効用 MU_x は減少していく．この事実を**限界効用逓減の法則**という．これは $u_{xx}(x,y) < 0$ で表現される．

例 10.1 効用函数が $u(x,y) = \sqrt{x}\sqrt{y}$ で与えられるとき，財 x と財 y の双方について限界効用逓減の法則が成り立つ．実際 $u_{xx} = -x^{-3/2}y^{1/2}/4 < 0$, $u_{yy} = -x^{1/2}y^{-3/2}/4 < 0$.

効用函数が一定の値となる $(x,y) \in \mathcal{D}$ を集めて得られる図形

$$C = \{(x,y) \in \mathcal{D} \mid u(x,y) = c\}$$

を**無差別曲線**とよぶ．陰函数定理より無差別曲線において $u_y(x,y) \neq 0$ ならば

$$\frac{\mathrm{d}y}{\mathrm{d}x} = -\frac{\mathrm{MU}_x(x,y)}{\mathrm{MU}_y(x,y)}$$

で与えられる．$\mathrm{MRS}_{xy} = \mathrm{MU}_x(x,y)/\mathrm{MU}_y(x,y)$ と定め**限界代替率** (marginal rate of substitution) とよぶ．

このように経済数学では陰函数が用いられる．さらに条件付き極値問題も取り扱われる．

財 x の価格を p_x, 財 y の価格を p_y, m を所得とする[*2]．予算に関する制約は

$$g(x,y) = p_\mathrm{x} x + p_\mathrm{y} y - m = 0$$

で与えられていると仮定しよう．この条件で定まる $\mathcal{D}$ 内の図形を**予算線**（または予算制約線）という．予算線の上で効用函数 $u(x,y)$ の最大値を求めるのである．ラグランジュの乗数法より

$$u_x(a,b) = \lambda p_\mathrm{x}, \quad u_y(a,b) = \lambda p_\mathrm{y}$$

となる λ を求めることになる．このような条件付き極値問題は次のように表記される．

[*2] 紛らわしい記法だが p_x, p_y は函数 p の偏導函数を意味しているのでは**ない**ことに注意．誤解を避けるため x,y の書体を変えて表記した．

$$\max_{(x,y)\in\mathcal{D}} f(x,y)$$
$$\text{subject to } g(x,y) = 0$$

問題 10.1 予算線 $p_x x + p_y y = m$ の上で効用函数 $u(x,y) = xy$ の最大化問題を解け.

経済数学の本を見て，実際に 2 変数函数の極値問題がどう活用されているか調べてみよう．

10.4 幾何学への応用

この本の守備範囲からは逸脱してしまうが，幾何学でラグランジュ乗数法が使われる例を紹介しておこう．曲面の基本事項について未習の読者は，詳細は気にせず雰囲気をつかんでほしい．ベクトル解析や幾何学を習ったときに，思い出してもらえればよい．

領域 $\mathcal{D} \subset \mathbb{R}^2$ で定義された C^∞ 級のベクトル値函数 $\boldsymbol{p}: \mathcal{D} \to \mathbb{R}^3$ を考える. $\mathbb{R}^2$ の座標を (u,v), $\mathbb{R}^3$ の座標を (x,y,z) とする. $\boldsymbol{p}$ は

$$\boldsymbol{p}(u,v) = \begin{pmatrix} x(u,v) \\ y(u,v) \\ z(u,v) \end{pmatrix}$$

と表せる. $(\cdot|\cdot)$ を $\mathbb{R}^3$ における内積とする．ベクトル値函数 $\boldsymbol{p} = \boldsymbol{p}(u,v)$ が $\boldsymbol{p}_u \times \boldsymbol{p}_v \neq \boldsymbol{0}$ をみたすとき $\boldsymbol{p}$ は**径数付曲面** (parametrized surface) を定めるという．ここで $\times$ はベクトルの外積を表す．ここで

$$E = (\boldsymbol{p}_u|\boldsymbol{p}_u),\ F = (\boldsymbol{p}_u|\boldsymbol{p}_v),\ G = (\boldsymbol{p}_v|\boldsymbol{p}_v)$$

と定め, $\{E, F, G\}$ を第一基本量とよぶ．また

$$\boldsymbol{n}(u,v) = \frac{\boldsymbol{p}_u \times \boldsymbol{p}_v}{\|\boldsymbol{p}_u \times \boldsymbol{p}_v\|}$$

を単位法ベクトル場とよぶ．

10.4. 幾何学への応用

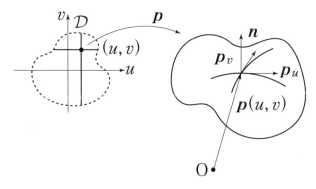

図 10.2 径数付曲面

第二基本量 $\{L, M, N\}$ を

$$L = (\boldsymbol{p}_{uu}|\boldsymbol{n}),\ M = (\boldsymbol{p}_{uv}|\boldsymbol{n}),\ N = (\boldsymbol{p}_{vv}|\boldsymbol{n})$$

で定める．$\mathcal{D}$ の 1 点 (u_0, v_0) において $\{E, F, G\}$, $\{L, M, N\}$ の値を求める．(X, Y) を座標にもつ数平面 $\mathbb{R}^2$ 上の C^∞ 級函数 f, g を

$$f(X, Y) = L(u_0, v_0)X^2 + 2M(u_0, v_0)XY + N(u_0, v_0)Y^2,$$
$$g(X, Y) = E(u_0, v_0)X^2 + 2F(u_0, v_0)XY + G(u_0, v_0)Y^2 - 1$$

で定義する．条件 $g(X, Y) = 0$ の下で $f(X, Y)$ の最大値，最小値を求めたい．例題 10.2 と同様の議論で行列

$$S = \begin{pmatrix} E(u_0, v_0) & F(u_0, v_0) \\ F(u_0, v_0) & G(u_0, v_0) \end{pmatrix}^{-1} \begin{pmatrix} L(u_0, v_0) & M(u_0, v_0) \\ M(u_0, v_0) & N(u_0, v_0) \end{pmatrix}$$

の固有値が求める最大値・最小値であることがわかる ([5, 2.3 節], [10, 3.4 節] 参照)．この行列 S を**形状作用素** (shape operator) とよぶ．行列 S の固有値を，この曲面の**主曲率** (principal curvature) という．主曲率の積を曲面の**ガウス曲率** (Gauss curvature)，主曲率の相加平均を**平均曲率** (mean curvature) とよぶ．曲面の基本的な量であるガウス曲率と平均曲率はラグランジュ乗数法により導かれる．

主曲率が S の固有値であることがわかってしまえば，極値問題を解く必要はなく，**線型代数**（固有値計算）で主曲率が求められる．このように線型代数と偏微分法は切り離せない関係にある．ベクトル解析や幾何学を学ぶ意義は「線型代数と微分積分を一体化すること」にある．この本と同じシリーズの『∇ を学ぶ』を参照してほしい．

条件付き極値問題については一松 [19, 第 2 部，第 3 話，第 9 話] を一読することを勧める．

章末問題

章末問題 10.1 無差別曲線 U_1, U_2, U_3 と予算制約線 I が図のように与えられている．

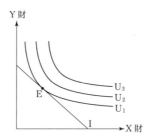

各文のうち正しいものはどれか．
(1) E 点では X 財の限界効用と Y 財の限界効用が等しい．
(2) 同一無差別曲線上では限界代替率は一定である．
(3) U_1 の方が U_3 よりも効用が高い．
(4) E 点において X 財，Y 財の限界効用は最大である．
(5) E 点において Y 財の X 財に対する限界代替率は X 財と Y 財の価格比に等しい．

〔地方上級公務員試験・経済原論〕

章末問題 10.2 所得のすべてを x 財，y 財に支出するある合理的な消費者の効用関数が $u = xy$ で示され，当初，この消費者の所得は 80，x 財価格は 1，y 財価格は 4 であった．いま x 財価格が上昇して 4 になったとすると，この消費者の効用水準を不変に保つためには所得はいくら増加しなくてはならないか．
(1) 20 (2) 40 (3) 60 (4) 80 (5) 100 〔国家 II 種公務員試験・経済原論〕

11 逆函数定理

11.1 逆函数

1変数函数 $y = f(x)$ が $b = f(a)$ のまわりで $x = g(y)$ と逆に解けるだろうか. たとえば $y = f(x) = x^2$ を考えてみよう.

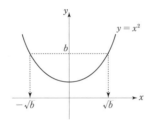

図 11.1　$y = x^2$ を逆に解く

与えられた $b > 0$ に対し $b = x^2$ となる x は 2 つある. 正の方を $\sqrt{b}$ と書けばもう一方は $-\sqrt{b}$ である[*1].

$y = f(x)$ が単調増加か単調減少ならば, 与えられた y に対し $y = f(x)$ となる x が 1 つだけ定まる (図 11.2).

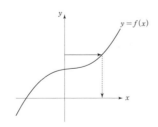

図 11.2　単調増加なら逆に解ける

[*1] これが b の平方根の定義であった.

とくに $y = f(x)$ が**微分可能**のときは

$$f'(x) > 0 \text{ ならば } f \text{ は単調増加,}$$
$$f'(x) < 0 \text{ ならば } f \text{ は単調減少}$$

であることを思い出そう．

さらに f が C^1 級であると仮定しよう．導函数 $f'(x)$ は連続なので $f'(a) > 0$ ならば $x = a$ の近くでも $f'(x) > 0$ である．ということは $b = f(a)$ の近くで $x = g(y)$ と逆に解けそうである．同様に $f'(a) < 0$ のときも $b = f(a)$ の近くで逆に解けそうである．

もう 1 つ，別の見方をしてみよう．点 $(a, f(a))$ の近くでは $y = f(x)$ のグラフは接線

$$y = f'(a)(x - a) + f(a)$$

で近似できる．この接線上の点 (x, y) に対し，$f'(a) \neq 0$ であれば

$$x = a + \frac{y - f(a)}{f'(a)}$$

と x について解くことができる．

ここまでの観察から，C^1 級函数 $y = f(x)$ において $f'(a) \neq 0$ ならば $b = f(a)$ の近くで $g(b) = a$ をみたす逆函数 $x = g(y)$ が存在することが期待できる．この期待は正しく次の定理が成立する．

定理 11.1 (逆函数定理) 開区間 $I \subset \mathbb{R}$ で定義された C^1 級函数 $y = f(x)$ に対し $f'(a) \neq 0$ であれば開区間 $(b - \delta, b + \delta)$ で定義された C^1 級函数 g で $g(f(x)) = x$ をみたすものが存在する．f が C^r 級 $(r \geq 2)$ であれば g も C^r 級である．

11.2　2 変数函数の場合

$\mathcal{D} \subset \mathbb{R}^2$ で定義された函数 $u, v : \mathcal{D} \to \mathbb{R}$ を組にして考えよう．

$$\boldsymbol{f}(x, y) = (u(x, y), v(x, y)).$$

11.2. 2 変数函数の場合

このような「函数の組」は 4.2 節で座標変換を説明する際に登場していた．この節では「函数の組」を改めて考察する．

各 $\boldsymbol{f}(x,y)$ は平面ベクトルと考えられるので $\boldsymbol{f} : \mathcal{D} \to \mathbb{R}^2$ は**ベクトル値函数** (vector valued function) ともよばれる．正確には，ベクトル値函数というときには $\boldsymbol{f}(x,y)$ は

$$\boldsymbol{f}(x,y) = \begin{pmatrix} u(x,y) \\ v(x,y) \end{pmatrix}$$

という列ベクトルとして取り扱うのだが，スペースの節約のため $\boldsymbol{f}(x,y) = (u(x,y), v(x,y))$ という表記もするので注意して読み進めてほしい．

註 11.1 (2 枚の数平面の間で) (x,y) を座標にもつ数平面を $\mathbb{R}^2(x,y)$ で表し xy 平面とよぼう．また (u,v) を座標にもつ数平面を $\mathbb{R}^2(u,v)$ で表し uv 平面とよぶ．ベクトル値函数 $\boldsymbol{f}(x,y) = (u(x,y), v(x,y))$ は xy 平面の領域 $\mathcal{D}$ の点 (x,y) に uv 平面内の点（あるいはベクトル）$(u(x,y), v(x,y))$ を対応させる規則である（図 11.3）．

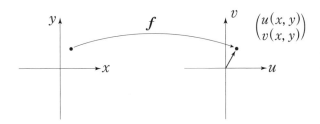

図 11.3　ベクトル値函数

ベクトル値函数 $\boldsymbol{f} : \mathcal{D} \to \mathbb{R}^2$ が C^r 級 $(r \geqq 0)$ であるとは $u(x,y)$ と $v(x,y)$ がともに C^r 級であることと定義する．

全微分可能性はどう定義したらよいだろうか．まず素朴に差をとってみよう．

$$\boldsymbol{f}(a+h, b+k) - \boldsymbol{f}(a,b) = \begin{pmatrix} u(a+h, b+k) - u(a,b) \\ v(a+h, b+k) - u(a,b) \end{pmatrix}$$

u が (a,b) で全微分可能だと (第 3 章の定義 3.3)

$$\begin{cases} u(a+h,b+k) - u(a,b) = \alpha_1 h + \beta_1 k + \varepsilon_1(h,k)\sqrt{h^2+k^2}, \\ \lim_{(h,k)\to(0,0)} \varepsilon_1(h,k) = 0 \end{cases}$$

となる $\varepsilon_1(h,k)$ が存在する.

同様に

$$\begin{cases} v(a+h,b+k) - v(a,b) = \alpha_2 h + \beta_2 k + \varepsilon_2(h,k)\sqrt{h^2+k^2}, \\ \lim_{(h,k)\to(0,0)} \varepsilon_2(h,k) = 0 \end{cases}$$

となる $\varepsilon_2(h,k)$ が存在する.

そこでこれらをまとめて行列 A とベクトル値函数 $\varepsilon(h,k)$ を

$$A = \begin{pmatrix} \alpha_1 & \beta_1 \\ \alpha_2 & \beta_2 \end{pmatrix}, \quad \varepsilon(h,k) = \begin{pmatrix} \varepsilon_1(h,k) \\ \varepsilon_2(h,k) \end{pmatrix}$$

で定めると

$$\boldsymbol{f}(a+h,b+k) - \boldsymbol{f}(a,b) = A \begin{pmatrix} h \\ l \end{pmatrix} + \sqrt{h^2+k^2}\,\varepsilon(h,k)$$

と表せて

$$\lim_{(h,k)\to(0,0)} \varepsilon(h,k) = \boldsymbol{0}$$

が成り立つ. そこで次のように定義しよう.

定義 11.1 ベクトル値函数 $\boldsymbol{f} : \mathcal{D} \subset \mathbb{R}^2(x,y) \to \mathbb{R}^2(u,v)$ が点 $(a,b) \in \mathcal{D}$ において**全微分可能**であるとは

$$\boldsymbol{f}(a+h,b+k) - \boldsymbol{f}(a,b) = A \begin{pmatrix} h \\ k \end{pmatrix} + \sqrt{h^2+k^2}\,\boldsymbol{\epsilon}(h,k)$$

をみたす $(0,0)$ の近くで定義されたベクトル値函数 $\boldsymbol{\epsilon}(h,k)$ と 2×2 型行列 A が存在し

$$\lim_{(h,k)\to(0,0)} \boldsymbol{\epsilon}(h,k) = \begin{pmatrix} 0 \\ 0 \end{pmatrix}$$

が成り立つときを言う.

定義の仕方から明らかだとは思うが，$f(x,y) = (u(x,y), v(x,y))$ に対し

$$f \text{ が } (a,b) \text{ で全微分可能} \iff \begin{cases} u \text{ が } x = a \text{ で全微分可能かつ} \\ v \text{ が } y = b \text{ で全微分可能} \end{cases}$$

であることに注意しよう．

点 (a,b) で f が全微分可能であれば

$$A = \begin{pmatrix} \dfrac{\partial f}{\partial x}(a,b) & \dfrac{\partial f}{\partial y}(a,b) \end{pmatrix} = \begin{pmatrix} u_x(a,b) & u_y(a,b) \\ v_x(a,b) & v_y(a,b) \end{pmatrix}$$

となることがわかる．この行列を $f'(a,b)$ とか $(Df)(a,b)$ で表し f の (a,b) における**ヤコビ行列**（Jacobi matrix）という．

定義 11.2
$$\frac{\partial(u,v)}{\partial(x,y)} = \det(Df)(a,b)$$

を f の (a,b) における**ヤコビ行列式**（ヤコビアン，Jacobian）という．

第 4 章で考察した極座標（4.2）を再考する．

例 11.1 (極座標) (r,θ) を座標とする数平面 $\mathbb{R}^2(r,\theta)$ から (x,y) を座標とする数平面 $\mathbb{R}^2(x,y)$ へのベクトル値函数 $\boldsymbol{\Phi}(r,\theta)$ を

$$\boldsymbol{\Phi}(r,\theta) = \begin{pmatrix} x(r,\theta) \\ y(r,\theta) \end{pmatrix} = \begin{pmatrix} r\cos\theta \\ r\sin\theta \end{pmatrix}$$

で定義する．$\boldsymbol{\Phi}$ の値域 $\boldsymbol{\Phi}(\mathbb{R}^2)$ は xy 平面全体であることを確かめてほしい．$\boldsymbol{\Phi}$ は 1 対 1 ではないことに注意しよう．実際，どの θ についても $\boldsymbol{\Phi}(0,\theta) = \boldsymbol{0}$ だし，また

$$\boldsymbol{\Phi}(r, \theta + 2\pi) = \boldsymbol{\Phi}(r,\theta), \quad \boldsymbol{\Phi}(-r, \theta + \pi) = \boldsymbol{\Phi}(r,\theta)$$

である．$\boldsymbol{\Phi}$ の定義式を縮小して逆函数 $\boldsymbol{\Phi}^{-1}$ が存在するようにしてみよう．まず

$$\mathcal{U} = \{(r,\theta) \in \mathbb{R}^2 \mid r > 0,\ -\pi < \theta < \pi\}$$

とおく（図 11.4）．

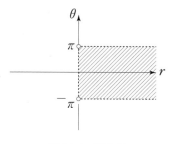

図 11.4　領域 $\mathcal{U}$

さらに
$$\mathcal{V} = \mathbb{R}^2(x,y) \setminus \{(x,0) \in \mathbb{R}^2 \mid x \leq 0\}$$
とおく．次の問題を解いてみよう．

問題 11.1 $\boldsymbol{\Phi}$ を $\mathcal{U}$ に制限したものを $\boldsymbol{\Phi}|_\mathcal{U}$ で表す．このとき $\boldsymbol{\Phi}|_\mathcal{U}$ は $\mathcal{U}$ から $\mathcal{V}$ への 1 対 1 かつ上への写像（全単射）である．

この問題は何を意味しているだろうか．$\mathcal{V}$ 内の点 (x,y) については
$$x = r\cos\theta, \ y = r\sin\theta$$
となる $(r,\theta) \in \mathcal{U}$ が**ただ一つ存在する**ということである．ひとつだけ決まるということで，(r,θ) のことを (x,y) の**極座標**とよぶのである．

言い換えると，xy 平面内の点 (x,y) に対し極座標 (r,θ) をただひとつ，定めることができるためには (x,y) が $\mathcal{V}$ の点であればよいということである．

逆函数定理の観点から極座標を再考しよう．
$$(D\boldsymbol{\Phi})(r,\theta) = \begin{pmatrix} \cos\theta & -r\sin\theta \\ \sin\theta & r\cos\theta \end{pmatrix}$$
より
$$\frac{\partial(x,y)}{\partial(r,\theta)} = r \geq 0.$$

したがって原点以外の点の近くで逆函数が存在する．実際，$x \neq 0$ なら $y/x = \tan\theta$ より
$$\theta = \tan^{-1}\frac{y}{x}, \quad r = \sqrt{x^2+y^2}$$
と計算できるので Φ の逆函数 Ψ は
$$\Psi(x,y) = (\sqrt{x^2+y^2}, \tan^{-1}(y/x))$$
で与えられる．実は $\Psi(x,y)$ の表示には重大な問題点がある．このことに気づいているだろうか．注意しなければいけないのは $\tan^{-1}$ の取り扱いである．

$y = \tan x$ のグラフの概形を思い出してほしい．このように不連続な曲線

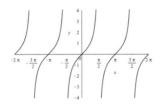

図 11.5 $y = \tan x$ のグラフ $-2\pi \leqq x \leqq 2\pi$

で，おなじ形が繰り返される（周期的）．したがって，与えられた y に対し $y = \tan x$ となる x は無数にある．そこで $-\pi/2 < x < \pi/2$ となる範囲で $y = \tan x$ となる x を選ぶことにしよう．このようにして選ばれた x を $x = \tan^{-1} y$（または $\arctan y$）と表した（逆正接函数の主値，図 11.6）．

図 11.6 $y = \tan^{-1} x$ のグラフ

この主値を利用して
$$\theta = \tan^{-1} \frac{y}{x}$$
と定めているのである．しかし主値を用いると $\theta \in (-\pi/2, \pi/2)$ であるから $\mathcal{V}$ のすべての点でこの表示が正しいわけではないことがわかる．$x < 0$ かつ $y > 0$ である $(x,y) \in \mathcal{V}$ に対し $x = r\cos\theta$, $y = r\sin\theta$ と表すならば $\pi/2 < \theta < \pi$ であるべき．

このような問題点を解決するには次のように考えればよい．まず
$$\mathcal{V}_0 = \{(x,y) \in \mathcal{V} \mid x > 0\}\ (右半平面),$$
$$\mathcal{V}_+ = \{(x,y) \in \mathcal{V} \mid y > 0\}\ (上半平面),$$
$$\mathcal{V}_- = \{(x,y) \in \mathcal{V} \mid y < 0\}\ (下半平面)$$
とおこう．これらはどれも領域で $\mathcal{V} = \mathcal{V}_- \cup \mathcal{V}_0 \cup \mathcal{V}_+$ と分割されている．$(x,y) \in \mathcal{V}$ に対し $r = \sqrt{x^2 + y^2}$ とし，
$$(x,y) \in \mathcal{V}_0 \text{のとき } \theta = \tan^{-1} \frac{y}{x},$$
$$(x,y) \in \mathcal{V}_+ \text{のとき } \theta = \tan^{-1} \frac{x}{\sqrt{x^2+y^2}},$$
$$(x,y) \in \mathcal{V}_- \text{のとき } \theta = -\tan^{-1} \frac{x}{\sqrt{x^2+y^2}}$$
で θ を定めよう．ここで定めた r と θ を用いて $\boldsymbol{\Psi}(x,y) = (r, \theta)$ と定めれば $\boldsymbol{\Psi}$ が $\boldsymbol{\Phi}^{-1}$ である．

別の方法で説明してみよう．4.2 節で極座標を説明したときのことを思い出そう[*2]．点 $\mathrm{P}(x,y)$ に対し，その極座標 (r, θ) をどう求めただろうか．まず $r = \sqrt{x^2+y^2}$．次に θ は $x = r\cos\theta$ かつ $y = r\sin\theta$ となる θ として求められるが，点 $\mathrm{P}(x,y)$ がどの位置（どの象限）にあるかで θ の求め方が異なる．たとえば $x < 0$ かつ $y < 0$ であれば θ は
$$\tan\theta = \frac{y}{x}, \quad \pi < \theta < \frac{3\pi}{2}$$

[*2] 4.2 節の節末問題を解いていない読者は，まず解いてほしい．

をみたす θ を採る．$x > 0$ のときは

$$\tan\theta = \frac{y}{x}, \quad -\frac{\pi}{2} < \theta < \frac{\pi}{2}$$

をみたす θ をとればよい．これは $\tan^{-1}$ の主値に他ならない．

この例では $\boldsymbol{\Psi} = \boldsymbol{\Phi}^{-1}$ は確かに存在するが $\mathcal{V}$ 全体で通用する表示式を持っていないのである．

11.3 合成函数再考

第 4 回で考察した合成函数を再考する．数平面 $\mathbb{R}^2(s,t)$ の領域 $\mathcal{D}'$ で定義されたベクトル値函数 $\boldsymbol{\Phi}: \mathcal{D}' \to \mathbb{R}^2(x,y)$ を考えよう．さらに数平面 $\mathbb{R}^2(x,y)$ の領域 $\mathcal{D}$ で定義された函数 $f: \mathcal{D} \to \mathbb{R}$ を用意する．$\boldsymbol{\Phi}$ の値域

$$\boldsymbol{\Phi}(\mathcal{D}') = \{\boldsymbol{\Phi}(s,t) \mid (s,t) \in \mathcal{D}'\}$$

が $\mathcal{D}$ に含まれているとき，合成函数 $f \circ \boldsymbol{\Phi}$ が定義される：

$$(f \circ \boldsymbol{\Phi})(s,t) = f(\boldsymbol{\Phi}(s,t)).$$

第 4 章で示したように f と $\boldsymbol{\Phi}$ がともに C^1 級であれば

$$\frac{\partial f}{\partial s} = \frac{\partial f}{\partial x}\frac{\partial x}{\partial s} + \frac{\partial f}{\partial y}\frac{\partial y}{\partial s}, \quad \frac{\partial f}{\partial t} = \frac{\partial f}{\partial x}\frac{\partial x}{\partial t} + \frac{\partial f}{\partial y}\frac{\partial y}{\partial t}$$

が成り立つ（略記法にはもう慣れていると思う）．

一方，第 6 章では勾配ベクトル

$$\operatorname{grad} f_{(a,b)} = \begin{pmatrix} f_x(a,b) \\ f_y(a,b) \end{pmatrix}$$

を定義した（定義 6.1）．勾配ベクトルは列ベクトルである．これを転置した行ベクトルを $f'(a,b)$ と表すことにしよう．すなわち

$$f'(a,b) = (f_x(a,b), f_y(a,b)).$$

ちょっと大げさな言い方であるが $f'(a,b)$ を f の点 (a,b) におけるヤコビ行列とよぶことにしよう[*3]．1行2列の行列なので，わざとらしい印象をもったかもしれないが多変数函数を扱うときにこのように定めておくと都合がよいのである．

$(s_0, t_0) \in \mathcal{D}'$ に対し $\boldsymbol{\Phi}(s_0, t_0) = (x_0, y_0)$ とすると，合成函数 $f \circ \boldsymbol{\Phi}$ の勾配ベクトルは

$$(f \circ \boldsymbol{\Phi})'(s_0, t_0) = \begin{pmatrix} f_x(x_0, y_0)x_s(s_0, t_0) + f_y(x_0, y_0)y_s(s_0, t_0) \\ f_x(x_0, y_0)x_t(s_0, t_0) + f_y(x_0, y_0)y_t(s_0, t_0) \end{pmatrix}$$
$$= (f_x(x_0, y_0), f_y(x_0, y_0)) \begin{pmatrix} x_s(s_0, t_0) & x_t(s_0, t_0) \\ y_s(s_0, t_0) & y_t(s_0, t_0) \end{pmatrix}$$
$$= f'(x_0, y_0)\,\boldsymbol{\Phi}'(s_0, t_0)$$

で与えられる．最終的な結果が「ヤコビ行列の積」で表されていることに注目してほしい．つまり

合成函数のヤコビ行列 ＝ ヤコビ行列の積

この考察を極座標に適用しよう．$\boldsymbol{\Phi} : \mathbb{R}^2(r, \theta) \to \mathbb{R}^2(x, y)$ を極座標から直交座標への変換を与えるベクトル値函数とする．C^1 級函数 f に対し合成函数

$$(f \circ \boldsymbol{\Phi})(r, \theta) = f(r\cos\theta, r\sin\theta)$$

を考える．$f \circ \boldsymbol{\Phi}$ に対し

$$(f \circ \boldsymbol{\Phi})'(r, \theta) = f'(x, y)\,\boldsymbol{\Phi}'(r, \theta) = (f_x\ f_y) \begin{pmatrix} \cos\theta & -r\sin\theta \\ \sin\theta & r\cos\theta \end{pmatrix}$$
$$= \begin{pmatrix} \cos\theta f_x + \sin\theta f_y \\ -r\sin\theta f_x + r\cos\theta f_y \end{pmatrix}.$$

一方

$$(f \circ \boldsymbol{\Phi})'(r, \theta) = (f_r\ f_\theta)$$

だから第4章で導いた関係式

[*3] 具体的に値を求める必要がないときは $f' = (f_x, f_y)$ と略記する．

$$\frac{\partial f}{\partial r} = \cos\theta \frac{\partial f}{\partial x} + \sin\theta \frac{\partial f}{\partial y},$$
$$\frac{\partial f}{\partial \theta} = -r\sin\theta \frac{\partial f}{\partial x} + r\cos\theta \frac{\partial f}{\partial y}$$

が再び導けた．

11.4　ベクトル値函数の合成

2つのベクトル値函数の合成を考えておこう．3枚の数平面 $\mathbb{R}^2(u,v)$, $\mathbb{R}^2(x,y)$, $\mathbb{R}^2(\xi,\eta)$ を用意する．ベクトル値函数

$$\boldsymbol{f}:\mathcal{D}\subset\mathbb{R}^2(x,y)\to\mathbb{R}^2(u,v),\quad \boldsymbol{g}:\mathcal{U}\subset\mathbb{R}^2(u,v)\to\mathbb{R}^2(\xi,\eta)$$

に対し，$\boldsymbol{f}$ の**値域** (range)

$$\boldsymbol{f}(\mathcal{D}) = \{\boldsymbol{f}(x,y) \mid (x,y)\in\mathcal{D}\}$$

が $\mathcal{U}$ に含まれるとき $\boldsymbol{f}$ と $\boldsymbol{g}$ は**合成可能**であるという．このとき $\boldsymbol{g}\circ\boldsymbol{f}:\mathcal{D}\to\mathbb{R}^2(\xi,\eta)$ が

$$(\boldsymbol{g}\circ\boldsymbol{f})(x,y) = \boldsymbol{g}(u(x,y), v(x,y)) = \boldsymbol{g}(\boldsymbol{f}(x,y))$$

で定まり $\boldsymbol{g}$ と $\boldsymbol{f}$ の**合成函数**という．$\boldsymbol{g}\circ\boldsymbol{f}$ のヤコビ行列は

$$(\boldsymbol{g}\circ\boldsymbol{f})'(a,b) = \boldsymbol{g}'(u(a,b), v(a,b))\,\boldsymbol{f}'(a,b)$$

で与えられる（ヤコビ行列どうしの積！）．この式の検証は読者の課題としよう．

11.5　臨界点

ヤコビアンが 0 となる点 (a,b) のことを $\boldsymbol{f}$ の**臨界点** (critical point) という．臨界点ではない点は**正則点**とよばれる．臨界点での $\boldsymbol{f}$ の値の全体

$$\{\boldsymbol{f}(x,y) \mid (x,y)\in\mathcal{D} \text{ は臨界点}\}$$

を f の臨界値集合とよぶ．

臨界点の様子を探ってみよう．$\mathbb{D}$ を単位円盤とする．

$$\mathbb{D} = \{(x,y) \in \mathbb{R}^2 \mid x^2 + y^2 < 1\}$$

$f : \mathbb{D} \to \mathbb{R}^2$ を

$$f(x,y) = \begin{pmatrix} u(x,y) \\ v(x,y) \end{pmatrix} = \begin{pmatrix} x+y \\ xy \end{pmatrix}$$

で与える．

$$f'(x,y) = \begin{pmatrix} 1 & 1 \\ y & x \end{pmatrix}$$

より

$$\frac{\partial(u,v)}{\partial(x,y)} = x - y$$

であるから，臨界点をすべて集めてできる集合（**臨界点集合**）は $\mathbb{D}$ と直線 $y = x$ の共通部分

$$\mathcal{U}_0 = \{(x,y) \in \mathbb{R}^2 \mid x^2 + y^2 < 1, \, y = x\}$$

である．正則点の全体は 2 つの領域 $\mathcal{U}_+$ と $\mathcal{U}_-$ に分解されている．

$$\mathcal{U}_+ = \{(x,y) \in \mathbb{R}^2 \mid x^2 + y^2 < 1, \, y < x\},$$
$$\mathcal{U}_- = \{(x,y) \in \mathbb{R}^2 \mid x^2 + y^2 < 1, \, y > x\}.$$

逆函数定理より $\mathcal{U}_+$ や $\mathcal{U}_-$ 内の点 (x,y) の近くで f の逆函数がみつかることが保証される．逆函数を具体的に求めてみよう．

まず $f(x,y) = f(y,x)$ であるから，そもそも $\mathbb{D}$ 全体で逆函数がとれることは期待できないことに注意しよう．この事実に気づいていれば $\mathcal{U}_+$ や $\mathcal{U}_-$ に f を制限して考えることは妥当だとわかるだろう．

$1 > x^2 + y^2 = (x+y)^2 - 2xy = u^2 - 2v$ より f の値域は

$$f(\mathcal{D}) = \{(u,v) \in \mathbb{R}^2 \mid u^2 \geqq 4v, \, u^2 - 2v < 1\}$$

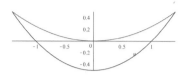

図 11.7 値域 $\mathcal{V}$

である.これを $\mathcal{V}$ とおこう(図 11.7).

まず f を $\mathcal{U}_+$ に制限したもの $f|_{\mathcal{U}_+}$ を考える.ここで注意してほしいことは $f|_{\mathcal{U}_+}$ の値域も $\mathcal{V}$ であること.同様に $f|_{\mathcal{U}_-}$ の値域も $\mathcal{V}$ である ($f(x,y) = f(y,x)$ であるから).

そこで $\mathcal{V}$ 内の点 (u,v) に対し $f(x,y) = (u,v)$ となる点 $(x,y) \in \mathcal{U}_+$ が必ず見つかるかどうか.そして見つかるとしたらただ 1 つかどうかを調べよう. $u = x+y$, $v = xy$ ということは x と y は 2 次方程式

$$t^2 - ut + v = t^2 - (x+y)t + xy = 0$$

の解である.これを解くと

$$t = \frac{u \pm \sqrt{u^2 - 4v}}{2}$$

だから

$$(x,y) = \left(\frac{u + \sqrt{u^2 - 4v}}{2}, \frac{u - \sqrt{u^2 - 4v}}{2} \right) \in \mathcal{U}_+$$

または

$$(x,y) = \left(\frac{u - \sqrt{u^2 - 4v}}{2}, \frac{u + \sqrt{u^2 - 4v}}{2} \right) \in \mathcal{U}_-$$

である.ということは

$$f|_{\mathcal{U}_+} : \mathcal{U}_+ \to \mathcal{V}, \quad f|_{\mathcal{U}_-} : \mathcal{U}_- \to \mathcal{V}$$

はともに逆函数

$$g_+ : \mathcal{V} \to \mathcal{U}_+, \quad g_- : \mathcal{V} \to \mathcal{U}_-$$

をもち，それらが具体的に

$$g_+(u,v) = \left(\frac{1}{2}(u+\sqrt{u^2-4v}), \frac{1}{2}(u-\sqrt{u^2-4v})\right),$$

$$g_-(u,v) = \left(\frac{1}{2}(u-\sqrt{u^2-4v}), \frac{1}{2}(u+\sqrt{u^2-4v})\right)$$

で与えられることがわかった．

さて，あらためて f で $\mathbb{D}$ の点がどう写るか追跡しよう．$\mathcal{U}_\pm$ の境界に図 11.8（左図）のように向きをつけてみよう．この曲線が f により $\mathcal{V}$ の境界に写るが向きを追跡すると，図 11.8（右図）のようになっている．

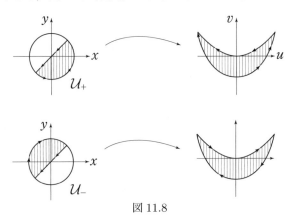

図 11.8

f で単位円盤 $\mathbb{D}$ は $\mathcal{V} = \{(u,v) \in \mathbb{R}^2 \mid u^2 \geqq 4v,\ u^2 - 2v < 1\}$ に写った（図 11.7）．正方形閉領域 $\mathcal{S} = \{(x,y) \in \mathbb{R}^2 \mid 0 \leqq |x|, |y| \leqq 1\}$ の像と見比べてみよう．この正方形領域 $\mathcal{S}$ は図 11.9 のような閉領域に写る．f による $\mathcal{S}$ の像と逆函数について調べてみてほしい．

最後に微分同相写像の概念を定義しておこう．

定義 11.3 $\mathcal{U} \subset \mathbb{R}^2(x,y)$ と $\mathcal{V} \subset \mathbb{R}^2(u,v)$ を領域とする．ベクトル値函数 $f: \mathcal{U} \to \mathcal{V}$ が以下の条件をみたすとき $\mathcal{U}$ から $\mathcal{V}$ への C^k 級の**微分同相写像**であるという．

11.5. 臨界点

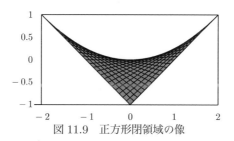

図 11.9 正方形閉領域の像

- f の値域 $f(\mathcal{D})$ は $\mathcal{V}$ である（すなわち f は上への写像），
- f は C^k 級 $(k \geq 1)$,
- f は C^k 級の逆函数 $f^{-1} : \mathcal{V} \to \mathcal{U}$ をもつ.

とくに C^∞ 級の微分同相写像を微分同相写像（diffeomorphism）と略称する.

微分同相写像は臨界点をもたないことを定義に即して確かめてほしい. 微分同相写像を座標変換として採用すれば, やっかいな問題（1対1でないとか臨界点をもつとか）が生じないことに注意してほしい.

註 11.2 第 7 章で, 2 変数函数の極値問題を解説した際に, 当たり前の例 (trivial example) として覚えておくことを推奨した

$$f(x,y) = x^2 + y^2, \quad x^2 - y^2, \quad -(x^2 + y^2)$$

は「当たり前の例」というだけでなく「大切な例」である. より詳しくは次の補題が成り立つ.

補題 11.1 (モースの補題) 領域 $\mathcal{D}$ で定義された C^r 級函数 f に対し $(a,b) \in \mathcal{D}$ が非退化臨界点であるとする $(r \geq 3)$. このとき

- (a,b) の近傍 $\mathcal{V}$,
- $\mathbb{R}^2(u,v)$ における $(0,0)$ の近傍 $\mathcal{U}$,
- C^{r-2} 級の微分同相写像 $\boldsymbol{\Phi} : \mathcal{U} \subset \mathbb{R}^2(u,v) \to \mathcal{V}$

が存在し,

$$(f \circ \boldsymbol{\Phi})(u,v) = f(a,b) + \epsilon_1 u^2 + \epsilon_2 v^2, \quad \epsilon_j = \pm 1 \, (j=1,2)$$

をみたす. $\{\epsilon_1, \epsilon_2\}$ の内の -1 の個数を臨界点 (a,b) の**指数** (index) という.

《章末問題》

章末問題 11.1 次のベクトル値函数の臨界点集合を求めよ. また $(1,1)$, $(-1,1)$, $(-1,-1)$, $(1,-1)$ を頂点とする正方形の周 C がどのように写るか追跡せよ.
 (1) $\boldsymbol{f}(x,y) = (x, y^2)$ 〔折り目 (fold)〕
 (2) $\boldsymbol{f}(x,y) = (x, y^3 + xy)$ 〔ホイットニーカスプ (Whitney cusp)〕
 (3) $\boldsymbol{f}(x,y) = (x, y(x^2+y^2))$ 〔唇〕
 (4) $\boldsymbol{f}(x,y) = (x, y(x^2-y^2))$ 〔嘴〕
 (5) $\boldsymbol{f}(x,y) = (x, y^4 + xy)$ 〔燕尾 (swallowtail)〕

章末問題 11.2 ベクトル値函数 $\boldsymbol{f}(x,y) = (e^x \cos y, e^x \sin y)$ の臨界点集合を求めよ. また $(0,0)$, $(1,0)$, $(1,\pi)$, $(0,\pi)$ を頂点とする正方形の周 C がどのように写るか追跡せよ.

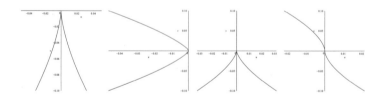

図 11.10 左から D_5, E_6, E_7, E_8 特異点

【コラム】 **(特異点)** 領域 $\mathcal{D}$ で定義された C^∞ 級函数 $F : \mathcal{D} \to \mathbb{R}$ を考える．$(0,0)$ が F の臨界点であるとする．方程式 $F(x,y) = 0$ で定義される曲線を C としよう．C の特異点とは F の臨界点に他ならないことに注意しよう．C の特異点にはどのようなものがあるか，ちょっとだけ紹介しておこう．臨界点 $(0,0)$ が**非退化**，すなわち $\det \mathrm{H}_F(0,0) \neq 0$ のとき，モースの補題より，座標変換 $x = x(u,v), y = y(u,v)$ で

$$F(u,v) = \epsilon_1 u^2 + \epsilon_2 v^2, \quad \epsilon_1, \epsilon_2 = \pm 1$$

と表示し直せる．このとき $(0,0)$ は A_1 型特異点であると言われる．

続けて $(0,0)$ が**退化臨界点**，すなわち $\det \mathrm{H}_F(0,0) = 0$ のときを考えよう．ヘッセ行列 $\mathrm{H}_F(0,0)$ の階数が 1 のとき，座標変換により

(A_k) $\qquad F(u,v) = \epsilon_1 u^{k+1} + \epsilon_2 v^2, \quad \epsilon_1, \epsilon_2 = \pm 1, \quad k \geq 2$

と表示できる．このとき $(0,0)$ は C の A_k 型特異点であるという．$k = 2m$ ならば A_{2m} 型特異点は $(2m+1)/2$-カスプであることに注意しよう．$\mathrm{H}_f(0,0)$ の階数が 0 のときは，より複雑である．代表的な例を挙げよう（前ページの図 11.10 参照）．

(D_k) $\qquad F(u,v) = u^2 v \pm v^{k-1}, \ k \geq 4$
(E_6) $\qquad F(u,v) = u^3 \pm v^4$
(E_7) $\qquad F(u,v) = u^3 + uv^3$
(E_8) $\qquad F(u,v) = u^3 + v^5$

これらの特異点に付けられた名称（$\mathrm{A}_k, \mathrm{D}_k, \mathrm{E}_6, \mathrm{E}_7, \mathrm{E}_8$）はどういう背景があるのだろうか．実は，これらの特異点に**ディンキン図形**（Dynkin diagram）とよばれる図形を対応させることができる．一方，ディンキン図形は複素単純リー環の分類（という代数的な問題）に由来する．一見して全く関係のなさそうな「特異点」と「リー環」が意外な結びつきをもっている．「微分積分」の学習を（やさしい水準で止めないで）深めていくことで，様々な数理科学へと繋がっていく．

12 なぜ極値問題が大事なのか

ここまで時間をかけて，2 変数函数の微分学を解説してきた．2 変数函数の極値問題を理解することが，ひとつの目標だった．しかし**なぜ極値問題に拘ってきたのだろうか**．そもそも高等学校から大学低学年で微分積分を学ぶ理由はどこにあるのだろうか．この疑問に対する 1 つの回答を説明したい．

12.1 変分とは

この章では次の補題が活躍する[*1]．

補題 12.1 (変分法の基本補題) $F(x)$ を閉区間 $[a,b]$ で連続な函数とする．$\eta(a) = \eta(b) = 0$ をみたす任意の C^1 級函数 η に対し

$$\int_a^b F(x)\eta(x)\,\mathrm{d}x = 0$$

をみたせば $F(x) = 0$ である．

この補題の証明のために次の命題を証明する．

命題 12.1 数直線 $\mathbb{R}$ 全体で定義された C^1 級函数 $\phi(x)$ で

- $x \leqq 0$ および $x \geqq 1$ において $\phi(x) = 0$,
- $0 < x < 1$ において $\phi(x) > 0$

をみたすものが存在する．

[*1] この補題についてより詳しくは次の文献を参照．小松勇作，『変分学』，森北書店，1975 (POD 版 2004)，p. 33, 定理 10.2. E. W. Hobson, On the fundamental lemma of the calculus of variations, and on some related theorems, Proc. London Math. Soc. (2) **11** (1913), 17–28.

12.1. 変分とは

【証明】 まず函数 $\nu(x)$ を

$$\nu(x) = \begin{cases} \exp(-1/x), & x > 0 \\ 0, & x \leq 0 \end{cases}$$

で定義する．この函数 $\nu(x)$ を用いて $\mathbb{R}$ 上の函数 $\phi(x)$ を

$$\phi(x) = \nu(x)\nu(1-x)$$

で定めれば $y = \phi(x)$ は $\mathbb{R}$ 全体で C^1 級（実は C^∞ 級）であり，$x \leq 0$, $x \geq 1$

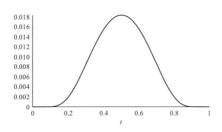

図 12.1 $\phi(x)$ のグラフ

において $\phi(x) = 0$, $0 < x < 1$ で $\phi(x) > 0$ をみたす． ∎

問題 12.1 $\nu(x)$ が $\mathbb{R}$ で C^∞ 級であることを確かめよ．

補題 12.1 の証明

もし $\tilde{x} \in (a, b)$ で $F(\tilde{x}) \neq 0$ であれば，F の連続性より $\tilde{x}$ を含む開区間 $(c, d) \subset (a, b)$ でその上で $F > 0$ となるものが存在する（$F(\tilde{x}) < 0$ なら $-F$ を考えればよい）．命題 12.1 で見つけた函数 $\phi(x)$ を用いて

$$\eta(x) = \begin{cases} 0, & a \leq x \leq c, \\ \phi((x-c)/(d-c)), & c \leq x \leq d, \\ 0, & d \leq x \leq b \end{cases}$$

と定めると η は $[a, b]$ 上で連続で $\eta(a) = \eta(b) = 0$ をみたし，(a, b) で C^1 級函数（実は C^∞ 級）．さらに $c < x < d$ において $\eta(x) > 0$ をみたしている．し

たがって
$$0 = \int_a^b F(x)\eta(x)\,\mathrm{d}x = \int_c^d F(x)\eta(x)\,\mathrm{d}x > 0$$
となり矛盾. ∎

問題 12.2 $[a,b]$ 上の函数 η を
$$\eta(x) = \begin{cases} 0, & a \leqq x \leqq c, \\ (x-c)^2(x-d)^2, & c \leqq x \leqq d, \\ 0, & d \leqq x \leqq b \end{cases}$$
で定めると $[a,b]$ 上で連続, (a,b) で C^1 級かつ $\eta(a) = \eta(b) = 0$ をみたすことを確かめよ (とくに $c < x < d$ ならば $\eta(x) > 0$).

条件 $y(a) = y_1, y(b) = y_2$ をみたす微分可能な函数 $y = y(x)$ に対し積分
$$\mathcal{F} = \int_a^b F(x, y, y')\,\mathrm{d}x$$
を考える. F は x, y, y' を変数にもつ C^1 級の函数である.

註 12.1 F の定義域をもっと正確・厳密に記述するためには 1 次のジェット空間という概念を必要とする (文献 [2, p. 115] 参照). x, y に加え $y' = \mathrm{d}y/\mathrm{d}x$ を座標にもつ 3 次元数空間
$$\mathcal{J}^{(1)} = \left\{ (x, y, y') \mid y' = \frac{\mathrm{d}y}{\mathrm{d}x} \right\}$$
を 1 次の**ジェット空間** (jet space) とよぶ. F は $\mathcal{J}^{(1)}$ 上の C^1 級函数である.

$y = y(x)$ をいろいろ変えることで $\mathcal{F}$ の値は変わる. つまり $\mathcal{F}$ は y の函数である. より正確には $\mathcal{F}$ は
$$\Omega(y_1, y_2) = \left\{ y \in C^1[a,b] \mid y(a) = y_1,\, y(b) = y_2 \right\}$$
という集合上の函数である. 函数を変数にもつ函数, つまり「函数の函数」なので $\mathcal{F}$ は $\Omega(y_1, y_2)$ 上の**汎函数** (functional) という言い方もする.

いま $y = y(x)$ が汎函数 $\mathcal{F}$ の**最小値を与えると仮定**しよう. 最小値ならば (極小値でもあるから)

$\mathcal{F}$ の $y(x)$ における "微分係数" は 0 であろう

でもよく考えると，どうやって $\mathcal{F}$ を微分すればよいのか見当がつかない．$\Omega(y_1, y_2)$ は無限次元の線型空間 (ベクトル空間) である．無限個の座標をとってそれぞれの座標で微分するのだろうか．困ってしまう．ここで変分の考えが役に立つ．

いま $y = y(x)$ が汎函数 $\mathcal{F}$ の最小値を与えると仮定する．このとき $\varepsilon > 0$ と $\eta(a) = \eta(b) = 0$ をみたす C^1 級函数 $\eta(x)$ に対し $Y(x) := y(x) + \varepsilon\eta(x)$ とおく．これを $y(x)$ の**変分** (variation) とよぶ．

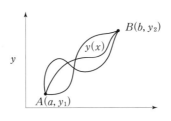

図 12.2 変分

$y(x)$ で $\mathcal{F}$ は最小なのだから $\mathcal{F}(Y) = \mathcal{F}(y(x) + \varepsilon\eta(x))$ を ε の函数と考えると $\varepsilon = 0$ での微分係数は 0，すなわち

$$\left.\frac{\mathrm{d}}{\mathrm{d}\varepsilon}\right|_{\varepsilon=0} \mathcal{F}(Y) = 0$$

となるはずである．この微分計算なら実行できる．境界条件 $\eta(a) = \eta(b) = 0$ と部分積分をうまく使うところに着目してほしい．

$$\begin{aligned}
\frac{\mathrm{d}}{\mathrm{d}\varepsilon}\bigg|_{\varepsilon=0} \mathcal{F}(Y) &= \int_a^b \frac{\partial}{\partial \varepsilon}\bigg|_{\varepsilon=0} F(x, Y(x), Y'(x))\, \mathrm{d}x \\
&= \int_a^b \frac{\partial F}{\partial Y}\frac{\mathrm{d}(y+\varepsilon\eta)}{\mathrm{d}\varepsilon} + \frac{\partial F}{\partial Y'}\frac{\mathrm{d}(y'+\varepsilon\eta')}{\mathrm{d}\varepsilon}\bigg|_{\varepsilon=0} \mathrm{d}x \\
&= \int_a^b \frac{\partial F}{\partial y}(x,y,y')\eta(x) + \frac{\partial F}{\partial y'}(x,y,y')\eta'(x)\, \mathrm{d}x \\
&= \int_a^b \frac{\partial F}{\partial y}(x,y,y')\eta(x)\, \mathrm{d}x + \left[\frac{\partial F}{\partial y'}(x,y,y')\eta(x)\right]_a^b \\
&\quad - \int_a^b \frac{\mathrm{d}}{\mathrm{d}x}\frac{\partial F}{\partial y'}(x,y,y')\,\eta(x)\, \mathrm{d}x \\
&= \int_a^b \left(\frac{\partial F}{\partial y}(x,y,y') - \frac{\mathrm{d}}{\mathrm{d}x}\frac{\partial F}{\partial y'}(x,y,y')\right)\eta(x)\, \mathrm{d}x.
\end{aligned}$$

したがって変分法の基本補題により

(12.1) $$\frac{\partial F}{\partial y}(x,y,y') - \frac{\mathrm{d}}{\mathrm{d}x}\frac{\partial F}{\partial y'}(x,y,y') = 0$$

が得られた．この偏微分方程式を**オイラー-ラグランジュ方程式**（Euler-Lagrange equation）とよぶ．

オイラー（Leonhard Euler，1707-1783）は 1744 年の著書『極大極小の性質を用いて曲線を見出す方法[*2]』で汎函数 $\mathcal{F}$ の最小値を与える函数 $y = f(x)$ を求める手順を一般的に取り扱った．また，ラグランジュは『解析力学』（*Mécanique analytique*, 1788）とよばれる物理学を生み出すとともにオイラーの研究を発展させた．汎函数 F を最小にする函数 y をもとめることを**変分学**という．次の節でオイラー-ラグランジュ方程式の最も基本的な例を紹介する．

[*2] *Methodus inveniendi lineas curvas maximi minimive proprietate gaudentes*

12.2 オイラー-ラグランジュ方程式の例

例題 12.1 (直線) 数平面の 2 点 $A = (a, y_1)$ と $B = (b, y_2)$ を結ぶ曲線のうちで長さが最小となるものは何か.

【解答】 $\Omega(y_1, y_2)$ 上の汎函数 (長さ汎函数)

$$\mathcal{F} = \int_a^b F(x, y, y') \, dx, \quad F(x, y, y') = \sqrt{1 + (y')^2}$$

に対するオイラー-ラグランジュ方程式は

$$\frac{\partial F}{\partial y} = 0, \quad \frac{\partial F}{\partial y'} = \frac{y'}{\sqrt{1 + (y')^2}}$$

より

$$\frac{d}{dx} \frac{y'}{\sqrt{1 + (y')^2}} = 0, \quad \text{すなわち} \frac{y'}{\sqrt{1 + (y')^2}} = C \text{ (定数)}.$$

したがって y' が定数. ということは y は x の一次式. 境界条件 $y(a) = y_1$, $y(b) = y_2$ より

$$y = \frac{y_2 - y_1}{b - a} x + \frac{by_1 - ay_2}{b - a}.$$

これは線分 AB に他ならない.

曲線の長さは数平面の合同変換で保たれることに着目する. 回転 (または線対称移動) と平行移動で A, B をともに x 軸に載せてしまおう. A, B の座標はそれぞれ $(a, 0)$, $(b, 0)$ と表せる (ただし $a < b$).

$$\mathcal{F} = \int_a^b \sqrt{1 + y'(x)^2} \, dx \geq \int_a^b 1 \, dx = \left[x \right]_a^b = b - a.$$

線分 AB の長さ $b - a$ が最小値になっている. $\mathcal{F}$ が最小値をとるのは $y' = 0$ のときである. 2 点 A, B を通ることから $\mathcal{F}$ が最小値をとるのは, 線分 AB に限る. □

例題 12.2 (最速降下線) 質点が重力の作用の下で原点 O から落下して O を通る鉛直面内の他の点 (x_0, y_0) に至る時間を最小にするような軌道 (最速降下線, 最短降下線) を求めよ.

【解答】 この問題はガリレオ (Galileo Galilei, 1564-1642) が考察したことが知られている. ただしガリレオは正しい軌道を求められなかった. ガリレオは半円弧だと推測した (『新科学論議』命題 36, 定理 22 の注[*3]参照).

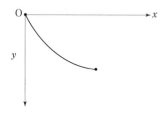

図 12.3 最速降下線 (Brachistochrone) を求める

図 12.3 のように水平方向に x 軸, 鉛直下方に y 軸をとれば力学的エネルギー保存の法則より (質点の質量を m, 速さを v とすれば) $mv^2/2 = mgy$ である. 時間変数を t とすれば

$$v(t) = \sqrt{\left(\frac{\mathrm{d}x}{\mathrm{d}t}\right)^2 + \left(\frac{\mathrm{d}y}{\mathrm{d}t}\right)^2}.$$

道のりを表す函数 (弧長径数) $s = s(t)$ は

$$s(t) = \int_0^t v(u)\, \mathrm{d}u$$

で与えられる. したがって

$$\frac{\mathrm{d}s}{\mathrm{d}t} = v = \sqrt{2gy} > 0$$

[*3] 邦訳: ガリレオ・ガリレイ, 新科学対話 (下), 今野 武雄・日田接次 [訳], 岩波文庫, 1937.

12.2. オイラー-ラグランジュ方程式の例

をみたす．したがって t を s の函数として

$$t = \int_0^t \frac{\mathrm{d}s}{\sqrt{2gy}}$$

とあらわせる（逆函数定理）．

$$\left(\frac{\mathrm{d}s}{\mathrm{d}t}\right)^2 = \left(\frac{\mathrm{d}x}{\mathrm{d}t}\right)^2 + \left(\frac{\mathrm{d}y}{\mathrm{d}t}\right)^2$$

より

$$t = \int_0^t \frac{\mathrm{d}s}{\sqrt{2gy}} = \int_0^x \frac{1}{\sqrt{2gy}} \sqrt{1 + \left(\frac{\mathrm{d}y}{\mathrm{d}x}\right)^2}\, \mathrm{d}x$$

$$= \int_0^x \frac{\sqrt{1 + (y')^2}}{\sqrt{2gy}}\, \mathrm{d}x$$

したがって (x_0, y_0) まで到達するまでの時間を t_0 とすれば

$$t_0 = \int_0^{x_0} \frac{\sqrt{1 + (y')^2}}{\sqrt{2gy}}\, \mathrm{d}x.$$

そこで

$$F(x, y, y') = \sqrt{\frac{1 + (y')^2}{2gy}}$$

と選びオイラー-ラグランジュ方程式を求めよう．

$$\frac{\partial F}{\partial y} = \frac{\partial}{\partial y} \sqrt{\frac{1 + (y')^2}{2gy}} = -\frac{\sqrt{1 + (y')^2}}{2\sqrt{2gy}\, y},$$

$$\frac{\partial F}{\partial y'} = \frac{\partial}{\partial y'} \sqrt{\frac{1 + (y')^2}{2gy}} = \frac{y'}{\sqrt{2gy}\sqrt{1 + (y')^2}}$$

よりオイラー-ラグランジュ方程式は

$$0 = \frac{\mathrm{d}}{\mathrm{d}x}\left(\frac{\partial F}{\partial y'}\right) - \frac{\partial F}{\partial y} = \frac{\mathrm{d}}{\mathrm{d}x}\left(\frac{y'}{\sqrt{2gy}\sqrt{1 + (y')^2}}\right) + \frac{\sqrt{1 + (y')^2}}{2\sqrt{2gy}\, y}$$

$$= \frac{1 + (y')^2 + 2yy''}{2\sqrt{2g}\, [y\{1 + (y')^2\}]^{3/2}}.$$

ここで
$$\frac{\mathrm{d}}{\mathrm{d}x}\{y(1+(y')^2)\} = y'\left(1+(y')^2+2yy''\right)$$
であることを利用するとオイラー-ラグランジュ方程式は
$$\frac{\mathrm{d}}{\mathrm{d}x}\{y(1+(y')^2)\} = 0.$$
すなわち
$$y(1+(y')^2) = a \text{ (定数)}$$
である ($y'=0$ は排除してよい．その理由を考えてみよう)．以上より
$$x = \int \sqrt{\frac{y}{a-y}}\,\mathrm{d}y$$
を得る．この積分を実行しよう．$y = a\sin^2\frac{\theta}{2} = \frac{a}{2}(1-\cos\theta)$ とおくと $\mathrm{d}y = a\sin\frac{\theta}{2}\cos\frac{\theta}{2}\,\mathrm{d}\theta$ より
$$\begin{aligned}x &= \int \tan\frac{\theta}{2}\,a\sin\frac{\theta}{2}\cos\frac{\theta}{2}\,\mathrm{d}\theta = a\int \sin^2\frac{\theta}{2}\,\mathrm{d}\theta \\ &= \frac{a}{2}\int(1-\cos\theta)\,\mathrm{d}\theta = \frac{a}{2}(\theta-\sin\theta) + \text{定数}.\end{aligned}$$
$\theta=0$ のとき $y=0$ であり，$t=0$ のときが $\theta=0$ のときに対応すると考えられるから $\theta=0$ のとき $x=0$ となる．したがって
$$x = \frac{a}{2}(\theta-\sin\theta).$$
以上より
$$(x,y) = \left(\frac{a}{2}(\theta-\sin\theta), \frac{a}{2}(1-\cos\theta)\right)$$
を得た．これはサイクロイドとよばれる曲線である．定数 a はこのサイクロイドが (x_0, y_0) を通ることで決まる． □

サイクロイドは円周上の 1 点に印をつけて，直線上をすべったりとまったりせずに滑らかに回転させたときにその印をつけた点が描く軌跡である．

12.2. オイラー-ラグランジュ方程式の例

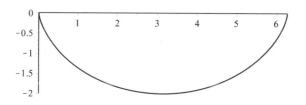

図 12.4 サイクロイド ($a = 2, 0 \leq \theta \leq 2\pi$)

最速降下線がサイクロイドであることはヨハン・ベルヌーイ (Johann Bernoulli, 1667-1748) によって証明された (1696). この年の 6 月, 最速降下線を求める問題を提出し (*Acta Eruditorum*), 解答期限は同年内とした. 期限までに解答が寄せられなければ自分が解答を公表するとした. ベルヌーイは「幾何学者たちによく知られた曲線」が答えである旨の注記をしていた.

6 月 9 日付けの私信でライプニッツ (Gottfried Wilhelm Leipniz, 1646-1716) には直接, 問題を知らせたという ([21] 参照). ライプニッツは 6 月 16 日にベルヌーイに解答を送った. ただしライプニッツは最速降下線がサイクロイドであることは見逃していた. ベルヌーイは自身が得ていた 2 種類の解法をライプニッツに送った (7 月 21 日). 公開された問題に対し新暦 1696 年末までに解答は寄せられなかった. ベルヌーイとライプニッツは締め切りの延長で同意した. 1697 年 1 月にこれまでの経緯の説明, 締め切りの延長を公表した. そして改めて最速降下線問題を提出した. 最初の提出時と 2 度目では問題文が変更されていることを注意しておく. 最初のときは「曲線を求めること」が明記されていなかったのである ([20] 参照).

ベルヌーイは何人かの数学者に書簡でこの問題を送ったという. ニュートン (Issac Newton, 1642-1727) は 1697 年 1 月 29 日にベルヌーイの問題を知ると翌 30 日には解答を記した手紙を王立協会総裁に送った. その内容は王立協会紀要 (*Philosophical Transactions* 224 (1697), Jan.) に無記名で掲載された (詳しい証明はない). この記事を見たベルヌーイは「爪からライオンを知るように仕事をみれば誰のものかわかるのである」という名言を残したとい

う[*4].

サイクロイドは厳密に等時性が成り立つ振り子が描く曲線でもある．この事実はクリスチャン・ホイヘンス（Christiaan Huygens, 1629-1695）により示された．サイクロイド振り子の等時性は航海用振り子時計の発明へとつながる科学史上の重大発見である．オイラーは 1725 年の論文で最速降下線について言及している（[20] 参照）．

例題 12.1 の場合，線分が最短線を与えることは簡単に確認できた．サイクロイドの場合はやや面倒だが最速性（最短性）を確認することができる．文献 [22] または [18, p. 407] を見てほしい．

12.3　安定性

オイラー-ラグランジュ方程式の解はあくまでも「汎函数 $\mathcal{F}$ の最小値を与える解」の候補に過ぎない．最小値を与える解を探すにはどうしたらよいだろうか．定理 7.2 を思い出そう．

定理 12.1 開区間 I で定義された C^2 級函数 $y = f(x)$ に対し $c \in I$ において

- $f'(c) = 0$　（臨界点条件）
- $f''(c) > 0$　（安定性条件）

をみたせば $y = f(x)$ は $x = c$ において極小値をとる．

これを参考にしてオイラー-ラグランジュ方程式 (12.1) の解 $y = y(x)$ が

$$\left.\frac{d^2}{d\varepsilon^2}\right|_{\varepsilon=0} \mathcal{F}(y(x) + \varepsilon \eta(x)) > 0$$

をみたすとき，y は**安定** (stable) な解であるという．安定な解 (stable solution) を求めることが最小値を与える解 (minimizer) を求めるための第一歩である．

[*4] Henri Basnage de Beauval 宛，1867 年 3 月の手紙．

12.4 解析力学

一直線上を運動する質量 m の物体に力 $f(x)$ が働いているとき，この運動を表す運動方程式は

$$m\frac{\mathrm{d}^2 x}{\mathrm{d}t^2}(t) = f(x(t))$$

で与えられた．この運動において

$$K(t) = \frac{m}{2}\left(\frac{\mathrm{d}x}{\mathrm{d}t}(t)\right)^2$$

を**運動エネルギー**とよぶ．また $x_0 = x(0)$ に対し

$$U(x) = -\int_{x_0}^{x} f(u)\,\mathrm{d}u$$

で定まる函数 $U(x)$ をこの運動の**位置エネルギー**（または**ポテンシャルエネルギー**）とよぶ．位置エネルギーと運動エネルギーの和 $E(t) = U(x(t)) + K(t)$ を質点の運動の**全エネルギー**とよぶ．

問題 12.3 E は $x(t)$ に沿って定数であること，すなわち $\dot{E}(t) = 0$ を確かめよ．この事実を**力学的エネルギー保存の法則**という．

いま 1 次のジェット空間

$$\mathcal{J}^{(1)} = \left\{ (t, x, \dot{x}) \;\middle|\; \dot{x} = \frac{\mathrm{d}x}{\mathrm{d}t} \right\}$$

上の函数 L を $L(t, x, \dot{x}) = K(t) - U(x)$ で与えよう．汎函数

$$\mathcal{L} = \int_{a}^{b} L(t, x, \dot{x})\mathrm{d}t$$

に関するオイラー-ラグランジュ方程式は

$$\frac{\partial L}{\partial x} = f(x(t)), \quad \frac{\partial L}{\partial \dot{x}} = m\dot{x}(t)$$

であるから運動方程式 $m\ddot{x}(t) = f(x(t))$ と一致することがわかった．いまは直線上の運動しか考えなかったが，より一般に保存力による質点の運動方程式はオイラー-ラグランジュ方程式に書き換えられる．この事実は何を意味するのだろうか．運動は汎函数 $\mathcal{L}$ を**最小化**するように行われるということのようだが，これは単なる偶然なのだろうか．

運動方程式以外にも「最小」が出てくる現象が知られている．たとえば

(1) アサガオはつる巻き線に沿って成長する．つる巻き線は円柱面の 2 点を結ぶ最短線（長さが**最小**である曲線）である．

(2) シャボン玉の形は「同一体積をもつ閉じた曲面の中で表面積が**最小**の形」である球面．

など（拙著 [3] 参照）．すると「なぜ自然は最小のものを選ぶのか」という疑問が浮かぶ．ここで発想を変えて「自然界は最小を好む」，すなわち，自然法則は「・・・が最小」という文章で記述できると考えることにしよう．この考え方を**変分原理**（variational principle）とよぶ．

そして

――――――― ハミルトンの原理 ―――――――

質点の運動は汎函数 $\mathcal{L}$ を最小化するように行われる

と解釈する（「経済数学」では**最大化**が扱われたことと対照的！）．変分原理に基づいてニュートン力学を書き直したものを**解析力学**とよぶ．とはいえ変分原理で物理現象すべてが説明できるというわけではない．

註 12.2 運動方程式をわざわざオイラー-ラグランジュ方程式に書きなおす必要はあるのだろうかという疑問をもった読者もいることと思う．（ここでは詳細まで説明できないが），運動方程式を「オイラー-ラグランジュ方程式」より対称性の高い方式に直した「ハミルトン方程式」に書き換えておくことはとても大切である[*5]．この書き換えによってニュートンの「力学」から「量子力学」

[*5] William Rowan Hamilton, 1805-1865.

への移行が可能になる．物理学を学ぶ読者は，量子力学を学ぶ前に解析力学を学ぶ必要があることを知っておいてほしい．

12.5　微分積分学を学んできた意義

　人間が自然界と対話するひとつの方法は，自然現象を変分原理により捉え，変分原理を表現する**微分方程式の解を調べること**にある．ここでは一例として一般相対性理論について触れる．物理学的内容の理解については気にせず，雰囲気をつかんでもらえればよい．

　アインシュタイン（Albert Einstein, 1879-1955）による一般相対性理論はアインシュタイン・ヒルベルト汎函数に対する変分原理に従う．

　一般相対性理論では 3 次元空間と 1 次元の時間をあわせた 4 次元の世界（まがった図形，曲面の 4 次元版）を考え**時空**（spacetime）とよぶ．

　一般相対性理論における**アインシュタイン方程式**は

$$R_{ij} - \frac{1}{2} R \, g_{ij} + \Lambda \, g_{ij} = \kappa \, T_{ij}, \quad 0 \leq i, j \leq 3$$

で与えられる．$g = (g_{ij})$ は時空の計量，$\mathrm{Ric} = (R_{ij})$ はリッチ・テンソル場，R はスカラー曲率とよばれる量である．また κ と Λ は定数である．Λg_{ij} は宇宙項とよばれる．T_{ij} はストレス・エネルギーテンソルとよばれる．最初は変分法を用いずにアインシュタインはこの方程式を導いた．のちにアインシュタインとヒルベルト（David Hilbert, 1862-1943）によりアインシュタイン方程式も変分法から導かれることが示された．汎函数（作用積分）$\mathcal{S} = \mathcal{S}_G + \mathcal{S}_S$，

$$\mathcal{S}_G(g) = \frac{1}{2\kappa c} \int_M (R - 2\Lambda) \, \mathrm{d}v_g,$$

$$\mathcal{S}_S(g) = \frac{1}{c} \int_M L \, \mathrm{d}v_g$$

のオイラー-ラグランジュ方程式がアインシュタイン方程式である．T_{ij} は g_{ij} とラグランジュ函数 L から決まる（具体的な表示は相対性理論の教科書を見

てほしい[*6]).

　また，ゲージ理論とよばれる物理学の理論はヤン・ミルズ汎函数 (Yang-Mills functional) に対する変分原理から導かれる[*7]．数学においても理論物理学においても変分原理は重要な視点である．

　微分積分学を学ぶ理由・目的のひとつは変分原理を介して自然界の謎を解き明かすことである．

微分方程式は自然法則を語るコトバである

　読者は，この本を手がかりに，より専門的な「解析学」や「物理学の専門書」(解析力学や量子力学) に進んでほしい．工学分野においても最適化 (optimization) という課題解決において変分学を用いることがある．工学系に進まれる読者も変分学を学ぶことを推奨したい．

　[*6] 例えば，内山龍雄，『一般相対性理論』(裳華房，1978)，平川浩正，『復刊 相対論 第 2 版』(共立出版，2011)．
　[*7] 楊振寧 (Yang Chen-Ning, 1922-)，Robert Mills (1927-1999)，内山龍雄 (1916-1990)．

A 極限と連続函数に関する補足

A.1 点列の極限

$\mathbb{R}^2$ 内の点列 $\{P_n(x_n, y_n)\}$ が有界であるとは

> ある定数 $M > 0$ が存在してすべての番号 n に対して $d(O, P_n) \leq M$

であることをいう．有界数列に関する基本的な事実を述べよう[*1]．次の補題は数列に関するワイエルシュトラスの補題（有界な数列は収束する部分列を含む，[15, §1.3 定理 3.4]）から導かれる[*2]．

補題 A.1 (ワイエルシュトラスの補題) 有界な点列は収束する部分点列を含む．

【証明】 点列 $\{P_n(x_n, y_n)\}$ が有界であるとする．すなわち，ある定数 $M > 0$ が存在して，すべての番号 n に対し

$$d(O, P_n) = \sqrt{x_n^2 + y_n^2} \leq M$$

が成り立つ．したがって数列 $\{x_n\}$, $\{y_n\}$ はともに有界な数列である．実際

$$|x_n|, |y_n| \leq \sqrt{x_n^2 + y_n^2} \leq M$$

だから．ゆえに，これらは収束する部分列 $\{x_{n_k}\} \subset \{x_n\}$, $\{y_{n_l}\} \subset \{y_n\}$ を含む．それぞれの極限値を x, y とすると

$$d((x_{n_k}, y_{n_l}), (x, y)) \leq |x_{n_k} - x| + |y_{n_l} - y| \to 0 \ (n_k, n_l \to \infty)$$

[*1] ヴァイエルシュトラス，Karl Theodor Wilhelm Weierstraß, 1815–1897.
 ボルツァーノ，Bernard Placidus Johann Nepomuk Bolzano, 1781–1848.
[*2] ボルツァノ-ワイエルシュトラスの定理ともよばれる．実数の連続性公理と同値である．詳しくは [15, §1.3 注意 4] や田島一郎，『イプシロン-デルタ』，共立出版，1978 を参照．

であるから $\{(x_{n_k}, y_{n_l})\}$ は (x,y) に収束する. ∎

A.2 連続函数の性質

領域 $\mathcal{D}$ で定義された 2 つの函数 f, g に対し**新しい函数** $f+g, f-g$ および fg を

$$(f+g)(x,y) = f(x,y) + g(x,y), \quad (f-g)(x,y)(x,y) - g(x,y),$$
$$(fg)(x,y) = f(x,y)g(x,y)$$

で定義する. $f+g = g+f$, $fg = gf$ であることに注意. また g が $\mathcal{D}$ 上で $g \neq 0$ であるとき f/g を

$$\tag{A.1} \frac{f}{g}(x,y) = (f/g)(x,y) = \frac{f(x,y)}{g(x,y)}$$

で定義する. また実数 $a, b \in \mathbb{R}$ に対し $af + bg$ を

$$\tag{A.2} (af+bg)(x,y) = af(x,y) + bg(x,y)$$

で定義する.

$$1f = f, \quad f + (-1)g = f - g$$

であることに注意.

1 変数函数のときと同様に次が成り立つ（確かめよ）.

命題 A.1 $a, b \in \mathbb{R}$ とする. 2 つの函数 $f, g : \mathcal{D} \to \mathbb{R}$ が $A \in \mathcal{D}$ において連続ならば $af+bg, fg$ はともに A で連続である. また $g(A) \neq 0$ ならば f/g も A で連続である.

命題 A.2 2 変数函数 $f : \mathcal{D} \to \mathbb{R}$ が $A \in \mathcal{D}$ で連続かつ $f(A) > 0$ 〔$f(A) < 0$〕であるとする. このとき $\varepsilon > 0$ を充分小さく選ぶと $U_\varepsilon(A)$ 上で $f > 0$ 〔$f < 0$〕が成り立つ.

命題 A.3 $D \subset \mathbb{R}^2$ を有界な閉集合とする（有界閉集合と略称）．D 上の連続関数 f は D において最大値と最小値をとる．

命題 A.4 函数 $f : \mathcal{D} \to \mathbb{R}$ は連続であるとする．区間 I で定義された連続函数の組 $\varphi(t)$ と $\psi(t)$ が条件

$$\text{すべての } t \in I \text{ に対し } (\varphi(t), \psi(t)) \in \mathcal{D}$$

をみたすならば I 上の函数

$$z(t) = f(x(t), y(t))$$

は I で連続である．

命題 A.5 (中間値の定理) f を領域 $\mathcal{D} \subset \mathbb{R}^2$ で定義された連続函数とする．A, B $\in D$ に対し $a = \min\{f(\mathrm{A}), f(\mathrm{B})\}$, $b = \max\{f(\mathrm{A}), f(\mathrm{B})\}$ とおく．どの $c \in (a, b)$ についても $f(\mathrm{C}) = c$ をみたす点 C $\in \mathcal{D}$ が存在する．

【証明】 $\mathcal{D}$ は領域なので A と B は折線で結べる．その折線を

$$\mathrm{P}(t), \quad \alpha \leq t \leq \beta, \quad \mathrm{P}(\alpha) = \mathrm{A}, \quad \mathrm{P}(\beta) = \mathrm{B}$$

で表す．このとき合成函数 $f(\mathrm{P}(t))$ は閉区間 $[\alpha, \beta]$ 上で連続である．したがって 1 変数函数に対する中間値の定理から $f(\mathrm{P}(\gamma)) = c$ をみたす $\gamma \in (\alpha, \beta)$ が存在する．そこで C = $\mathrm{P}(\gamma)$ とおけばよい． ■

演習問題の略解

本文中の問題のいくつかについて解答の抜粋を与えておく．

第1章

【問題 1.2】 $(a,0), (0,a), (-a,0), (0,-a)$ の 4 点を結んでできる正方形の内部．

【問題 1.3】 $\mathbb{Z}^2$ の点 (m,n) は格子点とよばれる．どんな $\varepsilon > 0$ についても $U_\varepsilon(m,n) \subset \mathbb{Z}^2$ とならない．$\mathbb{Z}^2$ は開集合ではない．

【問題 1.4】ここでは図を描いて，領域であることを納得しておけばよい．厳密な証明を望む読者のために，きちんとした証明も与えるが，極座標を用いるので必要に応じて 4.2 節を参照してほしい (p. 55)．勝手に選んだ 2 点 $P_1(x_1, y_1)$ と $P_2(x_2, y_2)$ を極座標表示する．P_j の極座標を (r_j, θ_j) とする $(j = 1, 2)$．$\theta_1 \equiv \theta_2$ のとき，

$$x(t) = \{tr_1 + (1-t)r_2\}\cos\theta_1, \quad y(t) = \{tr_1 + (1-t)r_2\}\sin\theta_1, \ 0 \leqq t \leqq 1$$

とおけば $(x(t), y(t))$ は P_1 と P_2 を結ぶ線分である．

次に $\theta_1 \not\equiv \theta_2$ のときは，まず $P_0(r_1\cos\theta_2, r_1\sin\theta_2)$ とおく．これは P_1 を回転させたもの．P_1 と P_0 は円弧

$$x(t) = r_1\cos\{t\theta_1 + (1-t)\theta_2\}, \quad y(t) = r_1\sin\{t\theta_1 + (1-t)\theta_2\}, \ 0 \leqq t \leqq 1$$

で結べる．あとは P_0 と P_2 を（先ほど説明した方法により）線分で結べばよい．

【問題 1.5】定義域は $\mathbb{R}^2$ 全体．

【問題 1.6】定義域は $\mathbb{R}^2$ から x 軸と y 軸を除いたもの．

【章末問題 1.1】開集合．境界は正方形の周．

【章末問題 1.2】 $U_1 \neq \emptyset$ かつ $U_2 \neq \emptyset$ の場合を調べておけばよい．$U_1 \cap U_2$ の点 P に対し U_1, U_2 が開集合であるから $U_{\varepsilon_1}(P) \subset U_1, U_{\varepsilon_2}(P) \subset U_2$ となる $\varepsilon_1 > 0$ と $\varepsilon_2 > 0$ が採れる．そこで $\varepsilon = \min(\varepsilon_1, \varepsilon_2)$，すなわち $\{\varepsilon_1, \varepsilon_2\}$ の最小値とおけば $U_\varepsilon(P) \subset U_1 \cap U_2$．したがって $U_1 \cap U_2$ は開集合．$P \in U_1 \cup U_2$ とすると $P \in U_1$ ま

たは $P \in U_2$ である（"または"の意味に注意．$P \in U_1 \cap U_2$ ということもあり得る）．$P \in U_1$ なら $U_{\varepsilon_1}(P) \subset U_1$ となる $\varepsilon_1 > 0$ が採れ，$P \in U_2$ なら $U_{\varepsilon_2}(P) \subset U_2$ となる $\varepsilon_2 > 0$ が採れるから $U_1 \cup U_2$ も開集合．

【章末問題 1.3】 F が開集合であることと $\mathbb{R}^2 \setminus F$ が開集合であることは同値．この事実と前問を使う．

第 2 章

【章末問題 2.1】 $y = mx$ に沿って極限を考えてみると

$$\lim_{x \to 0} \frac{x^2}{x^2 + m^2 x^2} = \lim_{x \to 0} \frac{x^2}{x^2 + m^2 x^2} = \lim_{x \to 0} \frac{1}{1 + m^2}$$

m によって変化するので，この極限は存在しない．

【章末問題 2.2】 $|x|, |y| \leq \sqrt{x^2 + y^2}$ を利用する．

$$|x^2 y - y^3| = |y(x^2 - y^2)| = |y| \, |x^2 + (-y^2)| \leq \sqrt{x^2 + y^2} \{|x|^2 + |-y|^2\}$$
$$= (x^2 + y^2)^{3/2}$$

であるから

$$\lim_{(x,y) \to (0,0)} \left| \frac{x^2 y - y^3}{x^2 + y^2} \right| \leq \lim_{(x,y) \to (0,0)} \left| \frac{(x^2 + y^2)^{3/2}}{x^2 + y^2} \right| = \lim_{(x,y) \to (0,0)} \sqrt{x^2 + y^2} = 0.$$

より極限値 0．

第 3 章

【問題 3.1】 (1) $f_x = 4x(x^2 + y^2)$, $f_y = 4y(x^2 + y^2)$．(2) $f_x = y\cos(xy)$, $f_y = x\cos(xy)$．(3) $f_x = 1/x$, $f_y = 1/y$．(4) $f_x = 2y\exp(2xy - y^2)$, $f_y = 2(x - y)\exp(2xy - y^2)$．

【章末問題 3.1】 (1) $f_x = 4x^3 y - y^4$, $f_y = x^4 - 4xy^3$．(2) $f_x = 1/(2\sqrt{x - 2y})$, $f_y = -1/\sqrt{x - 2y}$．(3) $f_x = \cos(x - y) - \sin(xy)y$, $f_y = -\cos(x - y) - \sin(xy)x$．(4) $f_x = x^{y-1} y$, $f_y = x^y \log x$．

【章末問題 3.2】 (1) $df = (4x^3y + 2xy^3 + y^4)\,dx + (x^4 + 3x^2y^2 + 4xy^3)\,dy$.
(2) $f_x = -y/(x^2+y^2)$, $f_y = x/(x^2+y^2)$ より $df = (-y\,dx + x\,dy)/(x^2+y^2)$.
(3) $df = (\cos y - y\cos x)\,dx - (x\sin y + \sin x)\,dy$. (4) $f_x = \frac{2x}{x^2+y^2}$, $f_y = \frac{2y}{x^2+y^2}$ より $df = (2(x\,dx + y\,dy)/(x^2+y^2)$.

第 4 章

【節末問題 4.2.1】 $x^2+y^2 = (-2\sqrt{3})^2 + (2)^2 = 16$ より $r=4$. $x<0$ かつ $y>0$ であるから $\pi/2 < \theta < \pi$ の範囲で θ を定める. $y/x = -1/\sqrt{3}$ であるから $\tan\theta = -1/\sqrt{3}$ となる $\theta \in (\pi/2, \pi)$ は $\theta = 5\pi/6$. したがって極座標は $(4, 5\pi/6)$.

【節末問題 4.2.2】 $x^2+y^2 = 2\cdot(-2\sqrt{2})^2 = 16$ より $r=4$. $x<0$ かつ $y<0$ であるから $3\pi/2 < \theta < 2\pi$ または $-\pi/2 < \theta < 0$ の範囲で θ を求める. $\tan\theta = y/x = 1$ より $\theta = 5\pi/4$ または $-3\pi/4$. したがって極座標は $(4, 5\pi/4) \equiv (4, -3\pi/4)$.

【節末問題 4.2.3】 $f(x,y) = (2x^3 - y^3 + x^2 + y^2)/(x^2+y^2)$ に対し $\lim_{h\to 0} f(h,0) = 1$, $\lim_{k\to 0} f(0,k) = 1$, 直線 $y = mx$ に沿って (x,y) を原点に近づけたとき $f(x,y) \to 1$ であるから,問題の極限値は 1 であると予想される. 極座標表示 $x = r\cos\theta$, $y = r\sin\theta$ を用いると ($(x,y) \to (0,0) \iff r \to 0$ に注意)

$$|f(x,y) - 1| = \left|\frac{2x^3 - y^3}{x^2+y^2}\right| = \frac{|2r^3\cos^3\theta - r^3\sin^3\theta|}{r^2} \leq 2r + r = 3r \to 0 \;(r \to 0).$$

【章末問題 4.1】 $\dot{x}(t) = 2t$, $\dot{y}(t) = 4t^3$. $z_x = 3x^3y^3 = 3t^{12}$, $z_y = 1t^{10}$ より $\dot{z}(t) = 3t^{12}(2t) + 2t^{10}(4t^3) = 14t^{13}$.

【章末問題 4.2】 $z(t) = e^{x^2y} = t^{(t^2+t+1)^2}$. $z_x = 2xye^{x^2y} = 2(t^2+t+1)(\log t)\,t^{(t^2+t+1)^2}$. $z_y = x^2 e^{x^2y} = (t^2+t+1)^2\,t^{(t^2+t+1)^2}$, $\dot{x}(t) = 2t+1$, $\dot{y}(t) = 1/t$ より

$$\dot{z}(t) = \left\{\frac{(t^2+t+1)}{t} + 2(2t+1)(t^2+t+1)\log t\right\} t^{(t^2+t+1)^2}.$$

【章末問題 4.3】 $z_x = -1/x^2 = -1/(u^2\cos^2 v)$, $z_y = 1/y^2 = 1/(u^2\sin^2 v)$, $x_u = \cos v$, $x_v = -u\sin v$, $y_u = \sin v$, $y_v = u\cos v$ より

$$z_u = \frac{\cos v - \sin v}{u^2\cos v \sin v}, \quad z_v = \frac{\cos^3 v + \sin^3 v}{u\sin^2 v \cos^2 v}.$$

第 5 章

【章末問題 5.1】(1) $f_{xx} = 12x^2y$, $f_{xy} = 4x^3 - 4y^3$, $f_{yy} = -12xy^2$. (2) $f_{xx} = -1/\{4(x-2y)^{3/2}\}$, $f_{xy} = f_{yx} = 1/\{2(x-2y)^{3/2}\}$, $f_{yy} = -1/(x-2y)^{3/2}$.

(3) $f_{xx} = -\sin(x-y) - y^2\cos(xy)$, $f_{xy} = f_{yx} = \sin(x-y) - xy\cos(xy) - \sin(xy)$, $f_{yy} = -\sin(x-y) - x^2\cos(xy)$.

(4) $f_{xx} = x^{y-2}(y-1)y$, $f_{xy} = f_{yx} = x^{y-1}(y\log x + 1)$, $f_{yy} = x^y(\log x)^2$.

【章末問題 5.2】$(x,y) \neq (0,0)$ において

$$f_x = \frac{y(x^4 - y^4 + 4x^2y^2)}{(x^2+y^2)^2}, \quad f_y = \frac{x(x^4 - y^4 - 4x^2y^2)}{(x^2+y^2)^2}$$

より $\displaystyle\lim_{(x,y)\to(0,0)} f_x(x,y) = \lim_{(x,y)\to(0,0)} f_y(x,y) = 0$. 一方，

$$f_x(0,0) = \lim_{h\to 0}\frac{f(h,0)-f(0,0)}{h} = 0, \quad f_y(0,0) = \lim_{k\to 0}\frac{f(0,k)-f(0,0)}{k} = 0$$

であるから f_x, f_y は $(0,0)$ で連続．ゆえに f は C^1 級．$(x,y) \neq (0,0)$ において

$$f_{xx} = -\frac{4xy^3(x^2-3y^2)}{(x^2+y^2)^3}, \quad f_{xy} = f_{yx} = \frac{x^6 + 9x^4y^2 - 9y^4x^2 - y^6}{(x^2+y^2)^3},$$

$$f_{yy} = -\frac{4x^3y(-y^2+3x^2)}{(x^2+y^2)^3},$$

$$f_{xy}(0,0) = \lim_{k\to 0}\frac{f_x(0,k)}{k} = \lim_{k\to 0}\frac{-k^5}{k^5} = -1,$$

$$f_{yx}(0,0) = \lim_{h\to 0}\frac{f_y(h,0)}{h} = \lim_{h\to 0}\frac{h^5}{h^5} = 1$$

より $f_{xy} \neq f_{yx}$ である．とくに f_{xy} と f_{yx} は $(0,0)$ で不連続．$z = f(x,y)$ のグラフの概形は図 A.1 のようになっている．$(0,0)$ はこの関数の鞍点とよばれる点である (p. 114, 定義 7.3 参照)．山と谷が 4 個づつあるので四谷鞍点（よつやあんてん）というニックネームを提案した数学者がいるとのこと ([19, p. 29])．

【章末問題 5.3】(1) $\Delta p_2 = 2(a+b)$ より $a = b$ のときのみ調和．(2) $\Delta p_3 = 8(a+k)x + 6(h+b)y$ より $h = -b$ かつ $k = -a$ のときのみ調和．

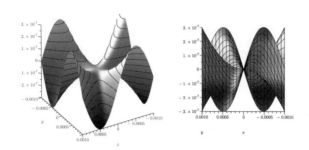

図 A.1　左：原点付近のグラフ（等高線表示），右：真横からみたグラフ

【註】　（調和同次多項式） 次数が同じ単項式の和で与えられる多項式を**同次多項式**または**斉次多項式** (homogenous polynomial) とよぶ．たとえば x と y の 2 次の同次多項式は $ax^2+2hxy+by^2$ $(a^2+h^2+b^2 \neq 0)$，3 次の同次多項式は $ax^3+3hx^2y+3kxy^2+by^3$ $(a^2+h^2+k^2+b^2 \neq 0)$ で与えられる．

x と y の多項式 $P(x,y)$ を $\mathbb{R}^2$ で定義された x と y の 2 変数と考える．P が $\Delta P = 0$ をみたすとき**調和多項式**とよぶ．本問により 2 次および 3 次の調和同次多項式がそれぞれ，$p_2(x) = a(x^2 - y^2) + h(2xy)$, $p_3(x) = a(x^3 - 3xy^2) + b(3x^2y - y^3)$ と表せることがわかった．このような表示ができる背景は複素関数にある．$z = x + yi$ とおくと

$$z^2 = (x+yi)^2 = (x^2-y^2) + i(2xy), \quad z^3 = (x^3-3xy^2) + i(3x^2y-y^3)$$

である．

【章末問題 5.4】 (1) 章末問題 3.2 で f_x と f_y は求めてある．

$$f_{xx} = -\frac{2(x^2-y^2)}{(x^2+y^2)^2}, \; f_{yy} = \frac{2(x^2-y^2)}{(x^2+y^2)^2} \; より \; \Delta f = 0.$$

(2) これも章末問題 3.2 で f_x と f_y は求めてある．

$$f_{xx} = \frac{2xy}{(x^2+y^2)^2}, \; f_{yy} = -\frac{2xy}{(x^2+y^2)^2} \; より \; \Delta f = 0.$$

(3) $f_x = ae^{ax}\sin(by)$, $f_y = be^{ax}\cos(by)$, $f_{xx} = a^2e^{ax}\sin(by)$, $f_{yy} = -b^2e^{ax}\sin(by)$ より $a = \pm b$ のとき調和．

(1) と (2) については極座標を用いて計算してもよい．(1) では $f(r,\theta) = \log r^2 = 2\log r$ （ただし $r > 0$）である．$f_\theta = 0$ より $\Delta f = f_{rr} + f_r/r = 0$ が確かめられ

る．章末問題 5.7 の解答も参照．同様に (2) については $x>0$ かつ $y>0$ であるから $f(r,\theta)=\theta$. したがって $f_r=0$ かつ $f_\theta=0$ より $\Delta f = 0$.

【章末問題 5.5】 $u_{xx}=(u_x)_x=(v_y)_x=v_{yx},\ u_{yy}=(u_y)_y=-(v_x)_y=-v_{xy}$ より $\Delta u=0$. 同様に $\Delta v=0$ も確かめられる．

【章末問題 5.6】 (1) コーシー-リーマン方程式より u と共軛な調和函数 $v(x,y)$ は
$$v_x=-u_y=-(x^2-y^2)_y=2y,\quad v_y=u_x=(x^2-y^2)_x=2x$$
をみたす．これらをそれぞれ x,y で積分すると
$$v(x,y)=\int 2y\,\mathrm{d}x=2xy+q(y),\quad v(x,y)=\int 2x\,\mathrm{d}y=2xy+p(x)$$
を得る．ここで $p(x)$ は x のみの函数，$q(y)$ は y のみの函数．この 2 つは一致するから $v(x,y)=2xy+c$ (c は定数).

(2) (1) と同様に計算して $v(x,y)=e^x\sin x+c$ を得る (章末問題 3.2(3) 参照). u と v を並べてできるベクトル値函数 $(e^x\cos y, e^x\sin y)$ を章末問題 11.2 で扱う．

【章末問題 5.7】 f が r だけの函数だから
$$\Delta f=\frac{\partial^2 f}{\partial r^2}+\frac{1}{r}\frac{\partial f}{\partial r}=\frac{\mathrm{d}}{\mathrm{d}r}\left(r\frac{\mathrm{d}f}{\mathrm{d}r}\right)=0.$$
したがって $r\frac{\mathrm{d}f}{\mathrm{d}r}=a$ (定数). これより $f(r)=\int\frac{a}{r}\,\mathrm{d}r=a\log r+b$ ($b\in\mathbb{R}$) を得る．なお $f(r)=-\frac{1}{2\pi}\log\frac{1}{r}$ はラプラス方程式 $\Delta f=0$ の**基本解**とよばれる．

第 6 章

【問題 6.2】 (1) $1+x+\frac{1}{2}(x^2-y^2)+R_3(x,y)$. (2) $1+3x+3x^2+9y^2+R_3(x,y)$.

【章末問題 6.1】 この函数の 1 階偏導函数 f_x, f_y は問題 3.1-(4) で求めてある．
$$f(x,y)=1+2xy-y^2+2x^2y^2-2xy^3+\frac{y^4}{2}+R_6(x,y).$$

【註】 (**エルミート多項式**) この問題で扱った函数 $f(x,y)$ に対し
$$H_n(x)=\left.\frac{\partial^n}{\partial y^n}\right|_{y=0}f(x,y),\quad n=0,1,\cdots$$

とおくと
$$f(x,y) = \sum_{n=0}^{\infty} \frac{H_n(x)}{n!} y^n$$
という無限級数展開ができる．$H_n(x)$ は実は x の n 次多項式であり，**エルミート多項式**（Hermitian polynomial）とよばれる．$H_n(x)$ は
$$H_n(x) = (-1)^n e^{x^2} \frac{\mathrm{d}^n}{\mathrm{d}x^n}(e^{-x^2})$$
と表せることが知られている．エルミート多項式は量子力学に登場する．$f(x,y) = e^{2xy-y^2}$ はエルミート多項式の**母函数**とよばれている．詳しくは [4, 6.4 節] を参照．

【章末問題 6.2】 $e^t = 1 + t + \frac{t^2}{2} + \frac{t^3}{3!} + R_4$ に $t = x+y$ を代入すると
$$\begin{aligned}e^{x+y} &= 1 + (x+y) + \frac{(x+y)^2}{2} + \frac{(x+y)^3}{3!} + R_4 \\ &= 1 + x + y + \frac{x^2}{2} + xy + \frac{y^2}{2} + \frac{x^3}{6} + \frac{x^2 y}{2} + \frac{y^2 x}{2} + \frac{y^3}{6} + R_4.\end{aligned}$$

【章末問題 6.3】 これも $\log(1+r^2) = r^2 - \frac{r^4}{2} + R_6$ に $r = \sqrt{x^2+y^2}$ を代入すればよい．
$$\log(1+x^2+y^2) = x^2 + y^2 - \frac{x^4}{2} - x^2 y^2 - \frac{y^4}{2} + R_6.$$

【章末問題 6.4】
$$1 - \frac{x^2}{2} - \frac{y^2}{2} + \frac{3x^4}{8} + \frac{3x^2 y^2}{4} + \frac{3y^4}{8} - \frac{5x^6}{16} - \frac{15x^4 y^2}{16} - \frac{15x^2 y^4}{16} - \frac{5y^6}{16} + R_8$$
一般二項定理を用いて
$$\frac{1}{\sqrt{1+r^2}} = (1+r^2)^{-\frac{1}{2}} = \sum_{k=0}^{\infty} \binom{1/2}{k} r^k = 1 - \frac{r^2}{2} + \frac{3r^4}{8} - \frac{5r^6}{16} + \cdots, \ |r| < 1$$
と展開し，ここに $r = \sqrt{x^2+y^2}$ を代入すれば
$$1 - \frac{x^2}{2} - \frac{y^2}{2} + \frac{3x^4}{8} + \frac{3x^2 y^2}{4} + \frac{3y^4}{8} - \frac{5x^6}{16} - \frac{15x^4 y^2}{16} - \frac{15x^2 y^4}{16} - \frac{5y^6}{16} + R_8$$
が得られる．

【章末問題 6.5】$f(tx, ty) = t^\alpha f(x, y)$ の両辺を t で微分する.

$$\frac{\mathrm{d}}{\mathrm{d}t} f(tx, ty) = \alpha t^{\alpha-1} f(x, y).$$

左辺の微分を実行すると

$$x f_x(tx, ty) + y f_y(tx, ty) = \alpha t^{\alpha-1} f(x, y).$$

この式の両辺を繰り返し t で微分すると

$$\frac{\partial^r f}{\partial x^r}(tx, ty) x^r + r\mathrm{C}_1 \frac{\partial^r f}{\partial x^{r-1} \partial y}(tx, ty) x^{r-1} y + \cdots + \frac{\partial^r f}{\partial y^r}(tx, ty) y^r$$
$$= \alpha(\alpha - 1) \cdots t^{\alpha-r}(\alpha - r + 1) f(x, y).$$

この式で $t = 1$ とおけばよい.

【章末問題 6.6】$f(tx, ty) = f(x, y)$ だから f は 0 次の同次函数. したがって $\left(x \dfrac{\partial}{\partial x} + y \dfrac{\partial}{\partial y} \right) f(x, y) = 0$ をみたす.

【註】 微分演算子 $x \dfrac{\partial}{\partial x} + y \dfrac{\partial}{\partial y}$ は同次形とよばれる常微分方程式と密接に関わる ([2, 例 9.14]).

【章末問題 6.7】$f(tx, ty) = a(tx)^\alpha (ty)^{1-\alpha} = a x^\alpha y^{1-\alpha} = t f(x, y)$ より f は 1 次の同次函数. m 次の同次多項式 $P_m(x, y)$ を $\mathbb{R}^2(x, y)$ 上の 2 変数函数と考えると, $P_m(x, y)$ は m 次の同次函数である.

【註】 (**コブ-ダグラス型生産函数**) 本問の函数は経済学では**コブ-ダグラス型生産函数** (Cobb-Douglas production function) として登場する[*3]. 資本の投入量を K, 労働の投入量を L とする. 財の生産量 $f(K, L)$ が $f(K, L) = aK^\alpha L^{1-\alpha}$ で与えられるとき, $f(K, L)$ をコブ-ダグラス型生産函数とよぶ[*4]. $f(K, L)$ が 1 次の同次函数であるという数学的事実を「$f(K, L)$ は規模に関して収穫一定である」と解釈する.

[*3] Charles Wiggins Cobb (1875-1949), Paul Howard Douglas (1892-1976).
[*4] C. W. Cobb, P. H. Douglas, A theory of production, *Am. Econ. Rev.* 18 (1928), no. 1, suppl., 139–165.

【章末問題 6.8】 ($\Rightarrow$) 章末問題 6.5 で示した．($\Leftarrow$) $xf_x + yf_y = mf$ を仮定する．x, y, t の函数 $g(x, y; t)$ を $g(x, y; t) = f(tx, ty)/t^m$ で定義すると

$$\frac{\partial g}{\partial t} = \frac{1}{t^m}\left\{(tx)\frac{\partial}{\partial x}f(tx, ty) + (ty)\frac{\partial}{\partial y}f(tx, ty) - mf(tx, ty)\right\}.$$

仮定より $g_t = 0$．したがって g は t に依存しない．ゆえに $g(x, y; t)$ の定義式で $t = 1$ とおいて $g(x, y) = f(x, y)$ を得る．ということは $f(tx, ty) = t^m f(x, y)$.

第 7 章

【問題 7.2】

(1) $a > 0$ かつ $ab - h^2 > 0$ のとき：$y = 0$ ならば $Q(x, 0) = ax^2 \geqq 0$．とくに $x \neq 0$ なら $Q(x, 0) > 0$．次に $y \neq 0$ とする．$x/y = t$ とおくと

$$Q(x, y) = Q(ty, y) = y^2(at^2 + 2ht + b) = ay^2\left\{\left(t + \frac{b}{a}\right)^2 + \frac{ab - h^2}{a^2}\right\} > 0.$$

したがって $\mathbb{R}^2$ 全体で $Q(x, y) \geqq 0$ で $Q(x, y) = 0$ となるのは $x = y = 0$ のときのみ．

(2) (1) と同様．(3) (i) $a \neq 0$ のとき：$ab - h^2 < 0$ より t についての 2 次方程式 $p(t) = (at^2 + 2ht + b) = 0$ は相異なる 2 つの実数解 α, β をもつ $(\alpha < \beta)$．ゆえに $p(t_1) > 0$ となる t_1 と $p(t_2) < 0$ となる t_2 が存在する．すると $Q(ty, y) = y^2(at^2 + 2ht + b) = ay^2(t - \alpha)(t - \beta)$ と因数分解されるから，$y \neq 0$ に対し $Q(t_1 y, y) > 0$, $Q(t_2 y, y) < 0$．ゆえに Q は不定値．(ii) $a = 0$ のとき：$0 > ab - h^2 = -h^2$ より $h \neq 0$．このとき $Q(x, y) = y(2hx + by)$．$y \neq 0$ に対し $x/y = t$ とおくと $Q(ty, y) = y^2(2ht + c)$ だから $Q(t_1 y, y) > 0$ となる t_1 と $Q(t_2 y, y) < 0$ となる t_2 が採れる．ゆえに Q は不定値．

(4) (i) $a \neq 0$ のとき：$Q(ty, y) = y^2(at^2 + 2ht + b) = 0$ は重解（重根）α をもつので $Q(ty, y) = ay^2(t - \alpha)^2$ と因数分解される．ここで $ay^2(t - \alpha)^2 = a(x - \alpha y)^2$ に注意．等式 $Q(x, y) = a(x - \alpha y)^2$ は $\mathbb{R}^2$ 全体で成立．したがって直線 $x = \alpha y$ 上で $Q(x, y) = 0$．それ以外では $Q(x, y)$ の符号 $= a$ の符号 だから Q は「正定値でない半正定値」か「負定値でない半負定値」．(ii) $a \neq 0$ のとき：$Q(x, y) = by^2$ となるから，このときも「正定値でない半正定値」か「負定値でない半負定値」．

定理 7.3 の証明：(1) (a)：$\det H_f(a, b) > 0$ かつ $A > 0$ より $H_f(a, b)$ は正定値．f の C^2 性より $H_f(a + \theta h, b + \theta k)$ も正定値となるように (h, k) を小さく採り直せる $(\sqrt{h^2 + k^2} < \epsilon$ とする)．ということは $\sqrt{h^2 + k^2} < \epsilon$ であれば $f(a + h, b + k) - f(a, b) > 0$．したがって (a, b) で極小値をとる．(b) も同様．

(2)：$\det \mathrm{H}_f(a,b) < 0$ のとき，$\mathrm{H}_f(a,b)$ は不定値．(1) のときと同様に $\mathrm{H}_f(a,b)$ は不定値であるように (h,k) を小さく採り直す（やはり $\sqrt{h^2+k^2} < \epsilon$ とする）．$\mathrm{H}_f(a_1,b_1) > 0 > \mathrm{H}_f(a_2,b_2)$ となる (h_1,k_1) と (h_2,k_2) が存在する．ここで (h_1,k_1) と (h_2,k_2) をともに定数倍 $(c \neq 0)$ しても不等式は変わらないことに注意．そこで $\sqrt{(h_1)^2+(k_1)^2} < \epsilon$ かつ $\sqrt{(h_2)^2+(k_2)^2} < \epsilon$ となるよう選びなおす．ここで $t \in [-1,1]$ に対し $g_1(t) = f(a+th_1, b+tk_1)$，$g_2(t) = f(a+th_2, b+tk_2)$ とおく．これらは t について 2 回微分可能．$f_x(a,b) = f_y(a,b) = 0$ より $\dot{g}_1(0) = \dot{g}_2(0) = 0$．次に $\ddot{g}_1(0) > 0 > \ddot{g}_2(0)$ であるから $t=0$ において $g_1(t)$ は極小．$t=0$ において $g_2(t)$ は極大．ということは $f(a,b) = g_1(0) = g_2(0)$ は極大でも極小でもない．

【註】 線型代数の観点から補足をしておこう．固有値 (p. 155) の性質で問題 7.2 の主張を言い換えると
 (1) Q が正定値 $\iff A$ の固有値がともに正．
 (2) Q が負定値 $\iff A$ の固有値がともに負．
 (3) Q が不定値 $\iff A$ は正の固有値と負の固有値をもつ．
 (4) Q が半正定値〔半負定値〕$\iff A$ の固有値は非負〔非正〕．
固有値，固有ベクトルについては線型代数学の教科書 [12, 13, 16, 17] 等を参照．

【章末問題 7.1】 $f_x = -2x$，$f_y = 3y(y+4)$ より極値を与える点の候補は $(0,0)$ と $(0,-4)$．$f_{xx} = -2 < 0$，$f_{xy} = 0$，$f_{yy} = 6(y+2)$ より $\det \mathrm{H}_f(0,0) = -12 < 0$，$\det \mathrm{H}_f(0,-4) = 24 > 0$ より $(0,-4)$ で極大値 32 をとる．

【章末問題 7.2】 $f_x = 2(x-1)$，$f_y = 2(y+2)$ より極値を与える点の候補は $(1,-2)$．$f_{xx} = 2 > 0$，$f_{xy} = 0$，$f_{yy} = 2$ より $\det \mathrm{H}_f(1,-2) = 4 > 0$ なので $(1,-2)$ で極小値 5 をとる．実は 5 は最小値である．実際 $f(x,y) = (x-1)^2 + (y+2)^2 + 5 \geqq 5$ であるから．

【章末問題 7.3】 $f_x = e^{x-y}(x^2+y^2+2x)$，$f_y = -e^{x-y}(x^2+y^2-2y)$ より極値を与える点の候補は $(0,0)$ と $(-1,1)$．$f_{xx} = e^{x-y}(x^2+y^2+4x+2)$，$f_{xy} = -e^{x-y}(x^2+y^2+2x-2y)$，$f_{yy} = e^{x-y}(x^2+y^2-4y+2)$ より $\det \mathrm{H}_f(0,0) = 4 > 0$，$f_{xx}(0,0) = 2 > 0$ なので $(0,0)$ で極小値 0 をとる．一方 $\det \mathrm{H}_f(-1,1) = -4e^{-2} < 0$ なので $f(-1,1)$ は極値ではない．

【章末問題 7.4】 (1) $f_x = 2(2x^3-x+y)$，$f_y = 2(2y^3+x-y)$ より $(0,0)$，$(1,-1)$，$(-1,1)$．

(2) C は $z = x^4 - x^2$ のグラフ．偶関数であることに注意しよう．増減と凹凸は $x \geqq 0$ で調べておけばよい．$\mathrm{d}z/\mathrm{d}x = 2x(\sqrt{2}x - 1)(\sqrt{2}x + 1)$ および $\mathrm{d}^2z/\mathrm{d}x^2 = 2(\sqrt{6}x - 1)(\sqrt{6}x + 1)$ より次の増減凹凸表が得られる．

x	0	$\cdots$	$1/\sqrt{6}$	$\cdots$	$1/\sqrt{2}$	$\cdots$	1	$\cdots$
z'	0	$-$	$-$	$-$	0	$+$	$+$	$+$
z''	0	$-$	0	$+$	$+$	$+$	$+$	$+$
z	0	↘	$-5/36$	↘	$-1/4$	↗	0	↗

この増減凹凸表から図 A.2 が描ける．

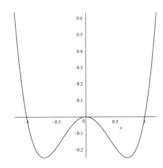

図 A.2　切り口 $C : z = x^4 - x^2$

切り口 D を調べる．$y = x = t$ とおいて $f(x, y)$ に代入すると $z = f(t, t) = 2t^4$ なので概形は図 A.3 のように描ける．

(3) $f_{xx} = 2(6x^2 - 1)$, $f_{xy} = 2$, $f_{yy} = 2(6y^2 - 1)$ より $\det \mathrm{H}_f(0, 0) = 0$. (2) より $f(0, 0)$ は極値でないことがわかる．

$\det \mathrm{H}_f(1, -1) = 10^2 - 2^2 > 0$. $f_{xx}(1, -1) = 10 > 0$ より $f(1, -1) = -2$ は極小値．$f(-1, 1) = f(1, -1)$ だから $f(-1, 1) = -2$ も極小値．

【章末問題 7.5】

$$f_x = \frac{2xy(3y - 4)}{(x^2 + y^2 + 1)^2}, \quad f_y = -\frac{2(3x^2y + 3y - 2x^2 + 2y^2 - 2)}{(x^2 + y^2 + 1)^2}$$

より $f_x = f_y = 0$ となる点は $(0, 1/2)$ と $(0, -2)$．

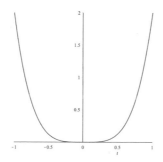

図 A.3 切り口 $D : z = 2t^4$

$$f_{xx} = -\frac{2y(9yx^2 - 3y^3 - 3y - 12x^2 + 4y^2 + 4)}{(x^2 + y^2 + 1)^3}$$
$$f_{xy} = \frac{4x(3yx^2 - 3y^3 + 3y - 2x^2 + 6y^2 - 2)}{(x^2 + y^2 + 1)^3},$$
$$f_{yy} = -\frac{2(3 + 12y + 6x^2 - 9y^2 + 3x^4 - 4y^3 + 12yx^2 - 9x^2y^2)}{(x^2 + y^2 + 1)^3}$$

より

$$f_{xx}(0, 1/2) = -8/5 < 0, \ f_{xy}(0, 1/2) = 0, \ f_{yy}(0, 1/2) = -32/5.$$

ゆえに $\det \mathrm{H}_f(0, 1/2) > 0$ かつ $f_{xx}(0, 1/2) < 0$ なので $f(0, 1/2) = 5$ は極大値.
一方

$$f_{xx}(0, -2) = 8/5 > 0, \ f_{xy}(0, -2) = 0, \ f_{yy}(0, -2) = 2/5.$$

ゆえに $\det \mathrm{H}_f(0, -2) > 0$ かつ $f_{xx}(0, -2) > 0$ なので $f(0, -2) = 0$ は極小値. 明らかに $f(x, y) \geqq 0$ であるから 0 は最小値.

$$f(x, y) - 5 = -\frac{x^2 + 4y^2 - 4y + 1}{x^2 + y^2 + 1} = -\frac{x^2 + (2y-1)^2}{x^2 + y^2 + 1} \leqq 0$$

であるから 5 は最大値 (図 A.4). したがって $0 \leqq f(x, y) \leqq 5$.

第 8 章

【問題 8.1】 (1) $f'(a) = -F_x(a, b)/F_y(a, b)$ より. (2) $f''(x)$ は

$$f''(x) = -\frac{1}{(F_y)^3}\left(F_{xx}(F_y)^2 - 2F_xF_yF_{xy} + F_{yy}(F_x)^2\right)$$

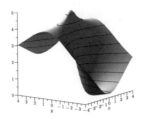

図 A.4 $z = \{4x^2 + (y+2)^2\}/(x^2+y^2+1)$ の等高線表示

で与えられる．この式で $x = a$（かつ $y = b$）とすると $F_x(a,b) = 0$ より $f''(a) = -F_{xx}(a,b)/F_y(a,b)$ を得るから．

【章末問題 8.1】 $x^3 + 3x^2y + 2xy^2 + 3y^2 = 4$ の両辺を x で微分すると
$$3x^2 + 6xy + 2y^2 + (3x^2 + 4xy + 6y)\frac{\mathrm{d}y}{\mathrm{d}x} = 0.$$
これより
$$\frac{\mathrm{d}y}{\mathrm{d}x} = -\frac{3x^2 + 6xy + 2y^2}{3x^2 + 4xy + 6y}.$$
$F(x,y) = x^3 + 3x^2y + 2xy^2 + 3y^2 - 4$ とおくと陰関数定理より $F_y = 3x^2 + 4xy + 6y \neq 0$ の点の近くで $y = f(x)$ と解けることを利用して $\dfrac{\mathrm{d}y}{\mathrm{d}x} = -\dfrac{F_x}{F_y}$ で求めてもよい．

【章末問題 8.2】 $F(x,y) = 0$ の両辺を x で微分すると
$$(1 - xe^{xy})\frac{\mathrm{d}y}{\mathrm{d}x} + (1 - ye^{xy}) = 0.$$
これより $\dfrac{\mathrm{d}y}{\mathrm{d}x} = -\dfrac{1 - ye^{xy}}{1 - xe^{xy}}$．

【章末問題 8.3】 $F(x,y) = 0$ の両辺を x で微分すると
$$\frac{2}{x^2 + y^2}\left\{(y - x)\frac{\mathrm{d}y}{\mathrm{d}x} + x + y\right\} = 0.$$
これより $\dfrac{\mathrm{d}y}{\mathrm{d}x} = \dfrac{x+y}{x-y}$．

【註】 $y' = (x+y)/(x-y)$ は同次形とよばれる型の常微分方程式である．同次形の常微分方程式の解は陰関数表示 $F(x,y) = 0$ で与えられることが多い（[4, 2.4 節] を参照）．

第 9 章

【問題 9.2】$F_x = 2x(x^2 - 3a^2)/(a-x)^2$, $F_y = 2y$ より $F_y = 0$ を解くと $y = 0$. $F(x,0) = -x^2(x+3a)/(a-x)$ であるから曲線上で $F_y = 0$ をみたす点は $(0,0)$ と $(-3a, 0)$.

次に $F_x = 0$ を解くと $x = 0, \pm\sqrt{3}a$. したがって特異点は原点のみ.

$F_{xx}(0,0) = -6$, $F_{xy} = 0$, $F_{yy} = 2$ より $\det \mathrm{H}_F(0,0) = (-6) \cdot 2 = -12 < 0$. したがって原点は結節点. 接線は $y = \pm\sqrt{3}x$.

求める特異点は曲線上の点だから $F(x,y) = 0$ をみたさねばならない. この問題や次の問題で, $F(x,y) = 0$ を忘れて $F_x = F_y = 0$ だけを考えると面倒な計算が増える.

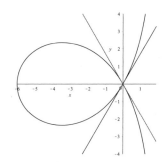

図 A.5 trisectrix $(a = 2)$ と接線

【問題 9.3】$F_x = 8x^3 - 6xy$, $F_y = -3x^2 + 2y - 6y^2 + 4y^3$. $F_x = 0$ を解くと $x = 0$ または $y = 4x^2/3$.

- $x = 0$ のとき: $F(0,y) = y(y^3 - 2y^2 + 1) = y(y-1)(y^2 - y - 1) = 0$ を解いて $y = 0$, $y = 1$, $y = (1 \pm \sqrt{5})/2$. 一方
$$F_y(0,y) = 4y^3 - 6y^2 + 2y = 2y(2y-1)(y-1) = 0$$
より $y = 0, 1, 1/2$ であるから $(0,0)$ と $(0,1)$ が特異点.

- $y = 4x^2/3$ のとき:
$$F(x, 4x^2/3) = \frac{2x^4}{81}(128x^4 - 408x^2 + 153),$$
$$F_y(x, 4x^2/3) = \frac{x^2}{27}\left(256x^4 - 288x^2 - 9\right) = 0$$

$F_y(x, 4x^2/3) = 0$ の実数解は 0 と $\pm\sqrt{9 + 3\sqrt{10}}/4$ であるが $x = \pm\sqrt{9 + 3\sqrt{10}}/4$ は $F(x, 4x^2/3) = 0$ をみたさない. したがって特異点は $(0,0)$ のみ.

以上より特異点は $(0,0)$ と $(0,1)$ の2点. 原点における F のヘッセ行列を求める.

$$F_{xx} = 24x^2 - 6y, \ F_{xy} = -6x, \ F_{yy} = 2 - 12y + 12y^2 = 2(6y^2 - 6y + 1)$$

より

$$F_{xx}(0,0) = 0, \ F_{xy}(0,0) = 0, \ F_{yy}(0,0) = 2.$$

したがって $\det \mathrm{H}_F(0,0) = 0$.

$(0,1)$ を調べるために $F(x,y) = 0$ を y 軸方向に平行移動し $(0,1)$ が原点に重なるようにしよう. すなわち

$$\tilde{F}(x,y) = F(x, y+1) = 2x^4 - 3x^2y - 3x^2 + y^2 + 2y^3 + y^4 = 0$$

を用いる. $\tilde{F}_x = 8x^3 - 6x(y+1)$, $\tilde{F}_y = -3x^2 + 2y + 2 - 6(y+1)^2 + 4(y+1)^3$,

$$\tilde{F}_{xx} = 24x^2 - 6y - 6, \ \tilde{F}_{xy} = -6x, \ \tilde{F}_{yy} = -10 - 12y + 12(y+1)^2.$$

より $\tilde{F}_{xx}(0,0) = -6$, $\tilde{F}_{xy}(0,0) = 0$, $\tilde{F}_{yy}(0,1) = 2$. 以上より $\det \mathrm{H}_{\tilde{F}}(0,0) = -12 < 0$. ゆえに, この特異点は結節点.

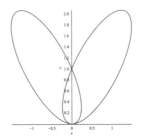

図 A.6 $F(x,y) = 2x^4 - 3x^2y + y^2 - 2y^3 + y^4 = 0$ の自接点

【節末問題 9.3.1】

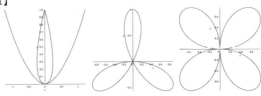

左から (1), (2), (3)

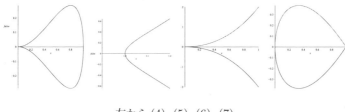

左から (4), (5), (6), (7)

第 10 章

【章末問題 10.1】 点 E は最適消費点とよばれる．最適消費点は I が U_1 に接する点である．U_1 の E における接線の傾きは

$$\frac{\mathrm{d}y}{\mathrm{d}x}(\mathrm{E}) = -\frac{\mathrm{MU}_x(\mathrm{E})}{\mathrm{MU}_y(\mathrm{E})} = -\mathrm{MRS}_{xy}.$$

一方，予算制約線 I を $p_x x + p_y y - m = 0$ と表すと，傾きは $-p_x/p_y$ であるから

$$\frac{\mathrm{MU}_x(\mathrm{E})}{\mathrm{MU}_y(\mathrm{E})} = \frac{p_x}{p_y}.$$

これは選択肢 (5) で述べられていることである．正解は (5)．この式を

$$\boxed{\frac{\mathrm{MU}_x(\mathrm{E})}{p_x} = \frac{\mathrm{MU}_y(\mathrm{E})}{p_y}}$$

と書き換えたものは**加重限界効用均等の法則**とよばれている．

【章末問題 10.2】 $\mathrm{MU}_x = u_x = (xy)_x = y$, $\mathrm{MU}_y = x$ である．加重限界効用均等の法則 $\mathrm{MU}_x/p_x = \mathrm{MU}_y/p_y$ に $p_x = 1$, $p_y = 4$, $\mathrm{MU}_x = y$, $\mathrm{MU}_y = x$ を代入して $x = 4y$ を得る．一方，予算制約式は $x + 4y = 80$．ここに $x = 4y$ を代入すると $x = 40$, $y = 10$．これが当初の最適消費計画である．元の効用水準は $u(40,10) = 400$.

効用水準を保つための所得増加分を求める．加重限界効用均等の法則より $y/4 = x/4$．すなわち $y = x$．元の効用水準を保つのだから $u(x,y) = 400$ と $y = x$ を連立させて解けばよい．したがって $x = y = 20$．価格変動後に必要な所得は $4 \times 20 + 4 \times 20 = 160$ なので $160 - 80 = 80$ が求められる増加分．

【ひとこと】　(**解けてしまう**) この本では熱力学や経済数学に由来する演習問題をいくつかとりあげた．どれも熱力学や経済学を学んだことがなくても，数学的内容を掴んでしまえば，どうにか解けてしまう．試験問題のなかには，そういう「解けてしまう問

題」があることを大学生のときに現代数学社の本[*5]で学んだ．そのとき「数学的思考力の強さ」を（変な理由だが）改めて実感した．線型代数と微分積分を大学低学年でしっかり学んでおくことは専門分野を問わず大切であると思う．

第 11 章

【章末問題 11.1】まず最初に正方形の周 C を径数表示しておく．

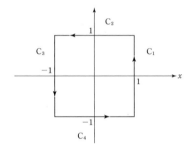

図 A.7 正方形

図 A.7 のように C_1, C_2, C_3, C_4 を定め，向きをつけておく．各辺 C_1, C_2, C_3, C_4 は次のように径数表示される[*6]（$0 \leqq t \leqq 1$）．

$$C_1 : (x,y) = (1, 2t-1), \quad C_2 : (x,y) = (-2t+1, 1),$$
$$C_3 : (x,y) = (-1, -2t+1), \quad C_4 : (x,y) = (2t-1, -1).$$

(1) $\boldsymbol{f}' = \begin{pmatrix} 1 & 0 \\ 0 & 2y \end{pmatrix}$ より臨界点集合は $y=0$（x 軸）．臨界値集合は $v=0$（u 軸）である．$\boldsymbol{f}(x, -y) = \boldsymbol{f}(x,y)$ であることに注意しよう．C_1 は線分 $u=1$, $0 \leqq v \leqq 1$ に写るが，$(1,1)$ から $(1,0)$ に下り，そこからまた $(1,1)$ に進む．C_2 は線分 $v=1$, $-1 \leqq u \leqq 1$ に写る．$(1,1)$ から $(-1,1)$ に進む．C_3 は線分 $u=-1$, $0 \leqq v \leqq 1$ に写る．ただし $(-1,1)$ から $(-1,0)$ に下り，それから $(-1,1)$ に進む．C_4 は線分 $v=1$, $-1 \leqq u \leqq 1$ に写る．$(-1,1)$ から $(1,1)$ に進む（図 A.8 左図）．正方形の周の $y<0$

[*5] 梶原譲二，新修解析学，1980（新装版，2019）．
[*6] すべて $[0,1]$ で定義されている $\mathbb{R}^2$ 内の路 (path)．

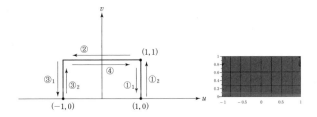

図 A.8 正方形の追跡（左）と正方形閉領域の像（右）$(u,v) = (x, y^2)$

の部分を $y = 0$ を軸（折り目）として折り返して $y > 0$ の部分に重ねると C の f による像になる．

(2) $f' = \begin{pmatrix} 1 & 0 \\ y & 3y^2 + x \end{pmatrix}$ より臨界点集合は放物線 $x = -3y^2$．この放物線を $(x,y) = (-3s^2, s)$ と表すと，臨界点集合は $\{(-3s^2, -2s^3) \mid s \in \mathbb{R}\}$ に写る．とくに原点 $(0,0) \in \mathbb{R}^2(x,y)$ は f で 3/2-カスプに写る（図 A.9）．

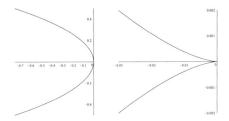

図 A.9 臨界点集合（左）と臨界値集合（右）$(u,v) = (x, y^3 + xy)$

C_1 は線分 $u = 1$ $(-2 \leq v \leq 2)$ に写る．$(1,-2)$ から $(1,2)$ に進む．C_2 は線分 $v = u + 1$ $(-1 \leq u \leq 1)$ に写る．$(1,2)$ から $(-1,0)$ に進む．C_3 は線分 $u = -1$ $(|v| \leq 2\sqrt{3}/9)$ に写る．まず $(-1,0)$ から $(-1, -2\sqrt{3}/9)$ に下り，また $(-1,0)$ に上る．そこから $(-1, 2\sqrt{3}/9)$ に上り，また $(-1,0)$ に下る．C_4 は線分 $v = -u - 1$ $(-1 \leq u \leq 1)$ に写る．$(-1,0)$ から $(1,-2)$ へ進む（図 A.10）．正方形領域の像は図 A.10 右図のようになる．

(3) $f' = \begin{pmatrix} 1 & 0 \\ 2xy & x^2 + 3y^2 \end{pmatrix}$ より臨界点は原点のみ．原点は f で原点に写る．
C_1 は線分 $u = 1$ $(-2 \leq v \leq 2)$ に写る．$(1,-2)$ から $(1,2)$ に進む．C_2 は放物線弧 $v = u^2 + 1$ $(-1 \leq u \leq 1)$ に写る．$(1,2)$ から $(-1,2)$ へ放物線弧に沿って進む．C_3 は線分 $u = -1$ $(-2 \leq v \leq 2)$ に写る．$(-1,2)$ から $(-1,-2)$ に進む．C_4 は放物線

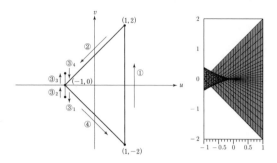

図 A.10　正方形の追跡（左）と正方形閉領域の像（右）$(u,v) = (x, y^3 + xy)$

弧 $v = -u^2 - 1$ に写る．$(-1, -2)$ から $(1, -2)$ へ進む（図 A.11）．正方形閉領域の像は図 A.11 右図のようになる．

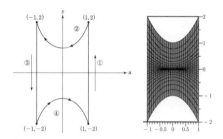

図 A.11　正方形の追跡（左）と正方形閉領域の像（右）$(u,v) = (x, y(x^2 + y^2))$

xy 平面の原点が臨界点なので原点を通る線分を追跡してみよう．まず x 軸の一部 $y = 0$ $(-1 \leq x \leq 1)$ は $v = 0$ $(-1 \leq u \leq 1)$ に写る．また $x = 0$ $(-1 \leq y \leq 1)$ は $u = 0$ $(-1 \leq v \leq 1)$ に写る．$y = x$ $(-1 \leq x \leq 1)$ は $v = 3u^3$ $(-1 \leq u \leq 1)$ に写る．$y = -x$ $(-1 \leq x \leq 1)$ は $v = -3u^3$ $(-1 \leq u \leq 1)$ に写る．

(4) $\boldsymbol{f}' = \begin{pmatrix} 1 & 0 \\ 2xy & x^2 - 3y^2 \end{pmatrix}$ より臨界点集合は $x = \pm\sqrt{3}y$．臨界値集合は $v = \pm 2\sqrt{3}u^3/9$（複合同順）．図 A.12 を参照．

C_1 は $u - 1$ $(|v| \leq 2\sqrt{3}/9)$ に写る．$(1, 0)$ から $(1, -2\sqrt{3}/9)$ へ下り，また $(1, 0)$ を経由して $(1, 2\sqrt{3}/9)$ へ上り，$(1, 0)$ まで下る．C_2 は放物線弧 $v = u^2 - 1$ $(|u| \leq 1)$．$(1, 0)$ から $(-1, 0)$ へ進む．C_3 は C_1 は $u = -1$ $(|v| \leq 2\sqrt{3}/9)$ に写る．$(-1, 0)$ から $(-1, 2\sqrt{3}/9)$ へ上り，$(-1, 0)$ を経由して $(-1, -2\sqrt{3}/9)$ へ下り，$(-1, 0)$ まで上る．

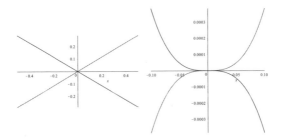

図 A.12 臨界点集合（左）と臨界値集合（右）$(u,v) = (x, y(x^2 - y^2))$

C_4 は放物線弧 $v = -u^2 + 1$（$|u| \leqq 1$）．$(-1, 0)$ から $(1, 0)$ へ進む（図 A.13）．正方形閉領域の像は図 A.13 右図のようになる．

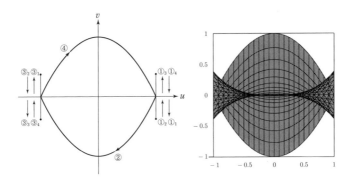

図 A.13 正方形の追跡（左）と正方形閉領域の像（右）$(u,v) = (x, y(x^2 - y^2))$

(5) $\boldsymbol{f}' = \begin{pmatrix} 1 & 0 \\ y & 4y^3 + x \end{pmatrix}$ より臨界点集合は $x = -4y^3$（図 A.14）．原点は原点に写り uv 平面で 4/3-カスプになっている．C_1 は線分 $u = 1$（$-3 \cdot \sqrt[3]{2}/8 \leqq v \leqq 2$）に写る．$(1, 0)$ から $(1, -3 \cdot \sqrt[3]{2}/8)$ まで下ってから $(1, 2)$ まで上る．C_2 は線分 $v = u + 1$ に写り，$(1, 2)$ から $(-1, 0)$ に向かう．C_3 は線分 $u = -1$（$-3 \cdot \sqrt[3]{2}/8 \leqq v \leqq 2$）に写り，$(-1, 0)$ から $(-1, -3 \cdot \sqrt[3]{2}/8)$ まで下ってから $(-1, 2)$ まで上る．C_4 は線分 $v = -u + 1$ に写り，$(-1, 2)$ から $(1, 0)$ に向かう．

【章末問題 11.2】 $\boldsymbol{f}' = e^x \begin{pmatrix} \cos y & -\sin y \\ \sin y & \cos y \end{pmatrix}$ より $\det \boldsymbol{f}' = e^{2x} > 0$ であるから臨

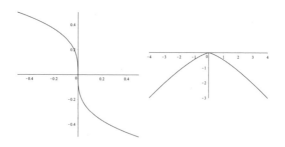

図 A.14 臨界点集合と臨界値集合 $(u,v) = (x, y^4 + xy)$

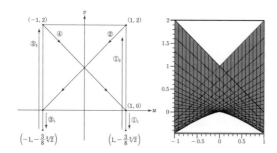

図 A.15 正方形の追跡（左）と正方形閉領域の像（右）$(u,v) = (x, y^4 + xy)$

界点はない．

$(0,0)$ から $(1,0)$ へ向かう線分を C_1, $(1,0)$ から $(1,\pi)$ へ向かう線分を C_2, $(1,\pi)$ から $(0,\pi)$ へ向かう線分を C_3, $(0,\pi)$ から $(0,0)$ へ向かう線分を C_4 とする．

C_1 は $(1,0)$ から $(e,0)$ へ向かう線分に写る．C_2 は原点中心，半径 e の半円弧 ($v \geqq 0$) に沿って $(e,0)$ から $(-e,0)$ に向かう．C_3 は $(-e,0)$ から $(-1,0)$ に向かう線分に写る．C_4 は $(-1,0)$ から $(1,0)$ へ向かう原点中心の半径 1 の半円弧 ($v \geqq 0$) に写る．

正方形 C に内部を付け加えた

$$D = \{(x,y) \in \mathbb{R}^2 \mid 0 \leqq x \leqq 1,\ 0 \leqq y \leqq \pi\}$$

を f で写すと図 A.16 のようになる．

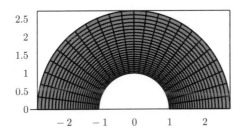

図 A.16　正方形閉領域の像 $(u,v) = e^x(\cos y, \sin y)$

このベクトル値函数の成分は章末問題 3.2(3) と章末問題 5.6 ですでに扱ったことを注意しておく（互いに共軛な調和函数）．複素数を用いて $z = x + yi$, $w = u + vi$ と表すと，このベクトル値函数は $w = e^z = e^x\, e^{yi}$ と表示できる．

参考文献

[1] 井ノ口順一，幾何学いろいろ，日本評論社，2007．
[2] 井ノ口順一，リッカチのひ・み・つ，日本評論社，2010．
[3] 井ノ口順一，どこにでも居る幾何，日本評論社，2010．
[4] 井ノ口順一，常微分方程式，日本評論社，2015．
[5] 井ノ口順一，曲面と可積分系，朝倉書店，2015．
[6] 井ノ口順一，ベクトルで学ぶ幾何学（仮題），現代数学社，刊行予定．
[7] 笠原晧司，微分積分学，サイエンス社，1974．
[8] 河田敬義・三村征雄，現代数学概説 II，岩波書店，1965．
[9] 小林昭七，曲線と曲面の微分幾何〔改訂版〕，裳華房，1995．
[10] 小林真平，曲面とベクトル解析，日本評論社，2016．
[11] 小山昭雄，経済数学教室 5．微分積分の基礎（上），岩波書店，1995（新装版，2010，オンデマンド版，2018）．
[12] 齋藤正彦，線型代数入門，東京大学出版会，1966．
[13] 齋藤正彦，線型代数演習，東京大学出版会，1985．
[14] 杉浦光夫，解析入門 I，東京大学出版会，1980．
[15] 杉浦光夫，解析入門 II，東京大学出版会，1985．
[16] 竹山美宏，線形代数，日本評論社，2015．
[17] 竹山美宏，ベクトル空間，日本評論社，2016．
[18] 寺沢寛一［編］，自然科学者のための数学概論（応用編）岩波書店，1960．
[19] 一松信，多変数の微分積分学，現代数学社，2011．

雑誌記事・邦文論文

[20] 尾崎文秋，オイラーの変分法 3，京都大学数理解析研究所講究録 1787 (2012)，243–253．
[21] 原亨吉，ニュートンとライプニッツ．微積分法をめぐって (IV)，数学セミナー，1988 年 3 月号，pp. 62–65．

洋書・欧文論文

[22] D. C. Benson, An elementary solution of the brachistochrone problem, Amer. Math. Monthly **76** (1969), no. 8, 890–894.

文献案内を兼ねたあとがき

半期 15 回の授業で偏微分法を解説することはできるが，どうしても要点だけを駆け足で伝えざるを得ない．この本と併読または，この本の読了後に目を通してほしい教科書・副読本を紹介しよう．

解析幾何

全微分を説明する際に接線や接平面が導入された．直線や平面の取り扱いに自信がない人は解析幾何がタイトルに入っている本，たとえば次の 2 冊（または [6]）を読むとよい．

  矢野健太郎, 平面解析幾何学, 裳華房, 1969（POD 版, 2002）
  矢野健太郎, 立体解析幾何学, 裳華房, 1970（POD 版, 2002）

高校数学をもう一度，改めて学びなおしたい人には

  松坂和夫, 新装版 数学読本（全 6 巻）, 岩波書店, 2019

を紹介しておこう．

微分積分

微分積分については，手持ちの本を必要に応じて読み返してほしい．この本は 2 変数函数から始まるものなので，1 変数函数の微分積分についてはいままで読み通した本を復習することが大切である．2 変数函数についても手持ちの本と見比べて読み進めることも有効である．

数学専攻の読者や，理論的なこと・厳密性に関心のある読者は杉浦 [14, 15] を読むとよい．この本はイプシロン-デルタ論法を使わなかったため，厳密に述べることができない箇所や意味を説明し難い箇所がある．そのような歯切れの悪さの解消には [14, 15] や

  松坂和夫, 解析入門（上），（中），（下），岩波書店, 2018
  三村征雄, 微分積分学 I, II, 岩波全書, 1970, 1973

が良い．

陰関数定理については

> 大森英樹, 多変数の微分積分, 裳華房, 1989（POD 版, 2015）

が詳しい.
　開集合や閉集合などの概念は位相（topology）とよばれる構造の一端である. 位相については数多くの教科書・参考書がある. ここでは困ったときのために本格的な教科書 [8] を紹介しておく.

演習書

この本は偏微分法の解説に 200 ページを使ってしまったため, 演習問題は少なくなってしまった. やはり偏微分法のマスターには問題演習がどうしても欠かせない.
　現代数学社らしい本を紹介しよう.

> 梶原譲二, 新・独修微分積分学, 現代数学社, 2019
> 梶原譲二, 新装版・新修解析学, 現代数学社, 2019

続けて読む本

　2 変数の微分積分を学ぶ上で微分方程式との関連を無視することはできない. 常微分方程式については拙著 [4] と

> 矢嶋信男, 常微分方程式, 岩波書店, 1989

を紹介しておこう. 偏微分方程式については

> 及川正行, 偏微分方程式, 岩波書店, 1997

がある. この本では偏微分方程式の例として波動方程式を採り上げた. 波動方程式の境界値問題や初期境界問題については

> 井川満, 偏微分方程式への誘い, 現代数学社, 2017

を見るとよい. より本格的な本には, たとえば

> 井川満, 双曲型偏微分方程式と波動現象, 岩波書店, 2006

がある.

索引

位置エネルギー, 189
1次近似, 29, 31
ε-近傍, 5
イプシロン-デルタ論法, 15
陰函数, 128
陰函数定理, 127
陰函数表示, 125
陰函数表示（曲線）, 29

運動エネルギー, 189
運動方程式, 189

エルミート多項式, 202
演算子, 77

オイラー-ラグランジュ方程式, 182

開円盤, 8
開集合, 8
解析力学, 190
外点, 6
カスプ, 137, 177
函数, 1
函数（2変数）, 1

ギッブス-ヘルムホルツの関係式, 74
逆函数定理, 166, 185
逆行列, 107, 156
境界点, 7
行列式, 107
極座標, 55, 165, 196
曲面, 12
距離, 3
距離函数, 4, 16
近傍, 8

空集合, 9
グラフ, 11, 29

形状作用素, 159
径数表示, 29

結節点, 139
限界効用逓減の法則, 157

合成函数, 52
勾配ベクトル, 101
効用, 156
コーシー-リーマン方程式, 86
誤差, 91
コブ-ダグラス型生産函数, 203
固有値, 155, 205
固有ベクトル, 155
孤立特異点, 138

サイクロイド, 186
座標平面, 2
3角不等式, 4

指数（臨界点）, 175
自接点, 141
写像, 51
自由エネルギー（ギッブス）, 58
自由エネルギー（ヘルムホルツ）, 58
収束（点列）, 16
シュワルツの定理, 64, 71
状態方程式, 1, 127, 134
剰余項, 95

数平面, 2
ストークスの波動公式, 71

正則点, 136, 171
積分可能条件, 73
接触, 30
接線, 29
接平面, 37
線型形式, 101
線型汎函数, 101
全微分, 39
全微分可能, 33, 48
全微分方程式, 73

ダランベールの公式, 69

値域, 2
中間値の定理, 130
調和函数, 86

通常点, 132, 136

定義域, 2
テイラーの定理（1変数函数）, 91
テイラーの定理（2変数函数）, 95

等高線, 13
同次多項式, 200, 203
特異点, 132, 136
特性座標系, 68

内積, 100
内点, 6
滑らか, 85

2階偏導函数, 62
2次形式, 102, 154

熱力学の第一法則, 58

波動方程式, 68
パラメータ表示, 29
汎函数, 180

非退化臨界点, 116, 175
微分可能（1変数函数）, 28
微分形式, 73, 101
微分同相, 175

閉円盤, 2, 8
平均値の定理（1変数函数）, 37, 64, 90
平均値の定理（2変数函数）, 96
閉集合, 8
閉包, 8
閉領域, 10
ベクトル値函数, 169
ヘッシアン, 107
ヘッセ行列, 102, 107
ヘルムホルツ方程式, 80
変数分離の原理, 67
偏導函数, 26
偏微分可能, 25, 26
偏微分係数, 25
偏微分する, 26
変分, 181

変分原理, 190

ポアソン方程式, 75
方向, 41
方向微分, 41
方程式表示（曲線）, 29
母函数, 202

マックスウェルの関係式, 74

モースの補題, 177

ヤコビアン, 165
ヤコビ行列, 165, 169
ヤコビ行列式, 165
ヤングの定理, 66

有界, 195
有界集合, 9
有界（数列）, 193

陽函数表示, 125
葉線, 125, 136
四谷鞍点, 199

ラグランジュ乗数, 150
ラプラシアン, 76
ラプラス作用素, 76
ラプラス方程式, 86, 201
ランフォイドカスプ, 137

力学的エネルギー保存の法則, 189
領域, 10
臨界点, 106, 171
臨界点集合, 172

連結, 10
連続（函数）, 20
連続偏微分可能, 27

著者紹介：

井ノ口　順一（いのぐち・じゅんいち）

千葉県銚子市生まれ．
東京都立大学大学院理学研究科博士課程数学専攻単位取得退学．
福岡大学理学部，宇都宮大学教育学部，山形大学理学部を経て，
現在，筑波大学数理物質系教授．教育学修士（数学教育），博士（理学）
専門は可積分幾何・差分幾何．算数・数学教育の研究，数学の啓蒙活動も行っている．

著　書　『幾何学いろいろ』（日本評論社，2007），
　　　　『リッカチのひ・み・つ』（日本評論社，2010），
　　　　『どこにでも居る幾何』（日本評論社，2010），
　　　　『曲線とソリトン』（朝倉書店，2010），『曲面と可積分系』（朝倉書店，2015），
　　　　『常微分方程式』（日本評論社，2015）．
　　　　『はじめて学ぶリー群　――線型代数から始めよう』（現代数学社，2017），
　　　　『はじめて学ぶリー環　――線型代数から始めよう』（現代数学社，2018）．

初学者のための偏微分　∂ を学ぶ

2019 年 9 月 25 日　初版 1 刷発行

著　者　井ノ口順一
発行者　富田　淳
発行所　株式会社　現代数学社
　　　　〒606-8425 京都市左京区鹿ヶ谷西寺ノ前町 1
　　　　TEL 075 (751) 0727　　FAX 075 (744) 0906
　　　　http://www.gensu.co.jp/

装　幀　中西真一（株式会社 CANVAS）
印刷・製本　亜細亜印刷株式会社
本文イラスト　Ruruno

検印省略

© Jun-ichi Inoguchi, 2019
Printed in Japan

ISBN 978-4-7687-0516-2

落丁・乱丁はお取替え致します．

● 落丁・乱丁は送料小社負担でお取替え致します．
● 本書のコピー，スキャン，デジタル化等の無断複製は著作権法上での例外を除き禁じられています．本書を代行業者等の第三者に依頼してスキャンやデジタル化することは，たとえ個人や家庭内での利用であっても一切認められておりません．